BIBLIOTHÈQUE
DE PHILOSOPHIE CONTEMPORAINE

# LE MONDE PHYSIQUE

## ESSAI DE CONCEPTION EXPÉRIMENTALE

PAR

LE Dr JULIEN PIOGER

PARIS
ANCIENNE LIBRAIRIE GERMER BAILLIÈRE ET Cie
FÉLIX ALCAN, ÉDITEUR
108, BOULEVARD SAINT-GERMAIN, 108

1892

# LE

# MONDE PHYSIQUE

## DU MÊME AUTEUR :

*EN PRÉPARATION :*

1° **La Vie et la Pensée,** Essai de conception expérimentale.

2° **La Vie sociale et la Morale.** Essai de conception expérimentale.

# LE MONDE PHYSIQUE

## ESSAI DE CONCEPTION EXPÉRIMENTALE

PAR

LE D^R JULIEN PIOGER

PARIS
ANCIENNE LIBRAIRIE GERMER BAILLIÈRE ET C^ie
FÉLIX ALCAN, ÉDITEUR
108, BOULEVARD SAINT-GERMAIN, 108

1892

# INTRODUCTION

« Donnez-moi de la matière et du mouvement, disait Descartes, et je ferai le monde. » Ce serait encore à cette affirmation purement gratuite que se réduirait notre conception du monde physique, d'après les savants les plus autorisés qui affirment que le dernier résultat de l'analyse scientifique est le double concept de matière et de mouvement, ou de masse et d'énergie. Or, au fond, ce serait faire, de la masse et de l'énergie, la substance et la cause de tout ce qui existe physiquement, c'est-à-dire supposer une existence substantielle, une existence « en soi » à de simples expressions de rapports qui ne peuvent évidemment exister en dehors du rapport, de la relation qui les constitue, sous peine de contradiction et d'inconcevabilité. C'est là une conséquence de la méthode A-prioriste, de la Philosophie métaphysique, du Cartésianisme, du Kantisme, et de l'Hégélianisme qui ont dominé presque sans conteste toute la pensée moderne. Le Positivisme lui-même, n'a pas su échapper à cette survivance de l'esprit métaphysique que nous retrouvons même chez les savants les plus distingués. N'est-il pas remarquable de voir les sciences expérimentales progresser avec une merveilleuse rapidité tandis que la pensée philosophique n'a fait que piétiner sur place en déguisant plus ou moins heureusement sa désespérante stérilité derrière de véritables tournois de dialectique. Sommes-nous donc condamnés, comme on nous l'affirme (1), à ne jamais sortir de nos spéculations creuses, et les belles conquêtes de la science resteront-elles donc toujours lettre close pour la spéculation philosophique, pour notre conception des choses ?

Sans nous illusionner ni sur la difficulté de la question, ni sur le résultat possible actuellement, nous avons la profonde conviction que l'introduction de la Méthode expérimentale dans le domaine de la spéculation philosophique est seule capable de nous rendre compréhensible notre Monde Physique et de nous éclairer sur l'inévitable relativité de notre connaissance. C'est pour avoir voulu maintenir une séparation absolue entre l'objet de la connaissance et la connaissance elle-même, c'est pour avoir méconnu les conditions nécessaires à la connaissance, c'est pour n'avoir pas vu que l'objet de la connaissance est nécessairement déterminé par les conditions et les moyens de le connaître, que le philosophisme s'est égaré dans les dissertations interminables sur l'Absolu, l'Être et le Non-Être. Nous n'en sommes plus au fameux : *Cogito ergo sum.* Sans

(1) Stallo. *La Matière et la Physique moderne.*

doute, nous ne devons ni ne pouvons chercher à prouver que ce qui existe est bien ce qui existe, pas plus qu'à savoir si ce que nous connaissons est bien ce que nous connaissons; mais nous devons, et nous pouvons nous demander, comment ce qui existe peut bien exister, comment ce que nous connaissons peut bien nous être connu.

Or, une chose ne peut être ce qu'elle est, sans qu'elle soit différenciée de ce qui n'est pas elle, absolument comme une chose ne peut être connue, ni connaissable, sans qu'il y ait au moins une différence quelconque qui permette de la différencier de toute autre chose. D'où il résulte qu'aucune chose n'est possible, ni dans le Monde objectif, ni dans le Monde subjectif de notre connaissance, si elle n'est différenciable, c'est-à-dire finie.

D'autre part, l'impossibilité où nous sommes de concevoir une limite absolue déterminable, à une différence quelconque, puisque nous ne pouvons pas concevoir que cette différence ne puisse toujours être augmentée ou diminuée, et la contradiction qu'il y aurait à n'admettre absolument aucune limite à une différence, puisque ce serait anéantir notre idée de différence, entraînent la nécessité de reconnaître que la limite de la différenciation des choses, c'est-à-dire la *limite de la possibilité des choses ne peut être dans les choses elles-mêmes*, mais est nécessairement relative à la *possibilité de les concevoir* : en un mot, ce n'est pas l'*objet de notre connais-*

*sance* qui est limité, ni limitable, mais c'est notre *connaissance elle-même*, ce qui est, du reste, absolument inévitable. puisque la connaissance suppose une différenciation, une comparaison, et devient impossible au delà de la possibilité de différenciation, dans l'Indifférenciable que nous appelons plus généralement l'Infini. Par conséquent, la recherche de la « Nature », de « l'Essence » des choses, de la « Substance », en un mot la connaissance de la chose « en soi » est contradictoire à toute connaissance, est impossible. Aussi aurons-nous souvent à revenir sur les caractères et limites de notre connaissance, sur notre cognoscibilité, comme dernière limite des choses, dont la conception se perd dans l'Inconnaissable. l'Indifférenciable, l'Inconcevable, l'Au-delà, l'Infini.

# CHAPITRE PREMIER

## CONSIDÉRATIONS GÉNÉRALES SUR L'UNIVERS ET SUR LA CONNAISSANCE

L'Univers nous apparaît comme un éternel problème : c'est un abîme insondable où nos regards, comme notre imagination, se perdent sans pouvoir en apercevoir le fond. Tourmentés par la soif de savoir et le désir de déchirer le voile qui leur dérobe la vue des Choses, les hommes se succèdent sur la terre, se transmettant, de génération en génération, leurs interrogations à la Nature, leurs rêveries et leurs recherches, plantant çà et là quelques jalons pour tracer péniblement, par monts et par vaux, des sentiers et des routes où la science nous montre sans cesse des horizons nouveaux dont le mirage nous entraîne irrésistiblement à la découverte de l'Inconnu.

De même que l'expérience nous apprend à corriger nos sens les uns par les autres, de même les Sciences, portant sur des objets dissemblables et employant des moyens différents, ont dû reconnaitre la nécessité de se corriger, de se confirmer, de se démontrer les unes par les autres : d'où un commencement de synthèse qui devient ainsi la méthode de probation des Sciences nées de l'observation et de l'analyse. Bien plus, la synthèse constitue la vraie source de progrès scientifique ; sans elle, en effet, les matériaux fournis par l'observation et l'analyse, s'entasseraient indéfiniment et deviendraient inutiles par le fait seul de leur trop grande abondance ; c'est la synthèse qui les classe, leur donne leur signification et en tire ce que nous appelons des lois ou principes scientifiques qui nous permettent de nous expliquer le mécanisme et l'enchainement des phénomènes de l'Univers. Il suffit de se bien pénétrer de ce mode de formation dans notre esprit des lois ou théories scientifiques pour en bien comprendre et la légitimité et la relativité. Bien plus, l'hypothèse elle-même nous apparait légitime et utile du moment qu'elle n'a pas d'autre prétention que de chercher à expliquer ou à relier des faits ou phénomènes, et de provoquer des recherches ou expérimentations en vue de sa propre confirmation. Ce serait, du reste, s'abuser singulièrement de ne pas remarquer que le point de départ comme le point d'appui de toute science est nécessairement une hypothèse. C'est là, il est vrai, le grand argument du scepticisme ; il est facile de paradoxer sur ce point comme à propos de la divisibilité ou la non-divisibilité de la Matière à l'Infini, si on s'en tient à l'absolu des mots au lieu de s'en rapporter à la relativité des choses, et à la condition essentielle de notre connaissance, à sa relativité inévitable.

Nous ne pouvons connaitre ni concevoir la « *chose en soi* », car une chose ne peut être ni connue, ni perçue sans quelque chose qui la distingue de toute autre chose ; de plus, nous ne pouvons connaitre les choses qu'en relation avec nous, directement ou indirectement, objectivement ou subjectivement. Nous comprenons très bien avec un peu de réflexion que nos sens ne peuvent nous donner qu'une certitude relative et que nos appréciations, comme nos croyances les plus banales sur le monde extérieur, ne sont et ne peuvent être que des moyennes, des résultantes d'une foule de sensations composantes. Aussi, en réalité, n'accordons-nous importance et créance qu'à celles de nos sensations que nous voyons confirmées par celles de nos semblables, et ne jugeons-nous constamment de la justesse ou de la véracité d'une de nos sensations ou d'une de nos idées que par l'opinion de nos semblables, sentant instinctivement que cette identité dans la façon de sentir et de juger est pour nous le plus sûr garant de la normalité de notre perception : telle est la signification de nos idées et jugements dits de « sens commun ».

Dans le domaine scientifique, le procédé est le même, seulement, au lieu de demander la confirmation de nos idées à tous nos semblables, nous la demandons, nous la soumettons au contrôle éclairé des savants et à celui des faits et des découvertes antérieures et postérieures, ce qui n'est toujours que la même chose en dernière analyse. Nous pourrions donc légitimement dire que toute notre connaissance, toute notre croyance à la réalité part d'une première hypothèse qui consiste à supposer que nous pouvons connaître quelque chose, et nous serions ainsi ramenés au problème primordial de toute métaphysique : la connaissance de quelque chose nous est-elle possible ? Si nous n'avions soin de voir que ce problème ne doit pas être posé, par cela seulement qu'il suffit de remarquer que nous n'avons pas à chercher si ce que nous savons et connaissons est ou n'est pas la connaissance car ceci reviendrait à demander avec M. Sachs, « *qui* « *assurera que la planète regardée par les astro-* « *nomes comme Uranus est bien réellement Ura-* « *nus ?* » (1).

Nous donnons le nom de *Connaissance* à la perception consciente de l'objet de notre connaissance, que cet objet appartienne au monde extérieur ou objectif, ou qu'il relève de notre « moi » et soit subjectif. Dès lors que nous sommes convenus d'appeler « matière, matérialité » la propriété commune que présentent tous les corps physiques de tomber sous nos sens, directement ou indirectement, à quoi bon raisonner comme si cette propriété était quelque chose de réel, comme si elle pouvait exister en dehors du fait

(1) Cité par Stallo. *La Matière et la Physique moderne*. Paris, 1884.

de notre perception ! notre affirmation, notre croyance en la « matière » vise notre sensation, notre état de conscience résultant du rapport des corps extérieurs avec nous-mêmes. C'est précisément ce rapport, cette relation constante entre les corps physiques et notre propre organisme qui constitue la vérité expérimentale ; nous sentons bien que ce rapport est constant et ne dépend nullement de la valeur que nous attribuons à ce mot « matière ». Nous savons et nous comprenons que les rapports proportionnels de distances ou de nombres qui relient les objets et les phénomènes sont constants, quelle que soit la valeur de la mesure prise comme terme de comparaison. C'est là un exemple de la simplification des rapports tels que nous les envisageons en sciences mathématiques, qu'il s'agisse du Nombre (Arithmétique), de l'Étendue (Géométrie) ou du Mouvement (Mécanique), considérés en dehors de toute autre relation. Aussi, dans ce cas, la vérité scientifique est-elle absolue, c'est-à-dire que nous ne pouvons la concevoir autrement. Dans le monde réel, physique, au contraire, nous ne pouvons plus envisager, séparer, isoler les classes de rapports, sans dénaturer les choses : aussi l'impossibilité où nous nous trouvons de pouvoir affirmer que nous tenons compte de tous les rapports, de toutes les conditions ou causes possibles d'un phénomène, entraine-t-elle la Relativité de la Vérité Expérimentale, du principe ou de la loi que nous en tirons. La Science du Réel, ou la Science Expérimentale rentre ainsi dans la même relativité que nos sens, avec cette différence, toutefois, que la Science, par l'Expérimentation et la Synthèse, possède, en plus de nos sens, des moyens beaucoup plus étendus et plus nombreux de percevoir les rapports des choses, et d'approcher de le vérité. Sous ce rapport, nous pouvons dire que toutes les découvertes, tous les moyens d'investigation scientifique constituent autant d'aides, autant de sens auxiliaires, supplémentaires, dont l'action vient s'ajouter à nos sens physiologiques pour en multiplier les moyens de contrôle, de vérification et de perception. C'est ce qui fait qu'une donnée scientifique a d'autant plus de certitude qu'elle résulte d'un plus grand nombre de moyens d'investigations, qu'elle a été soumise à un plus grand nombre de contrôles, en un mot qu'elle a le caractère le plus général qu'elle peut comporter.

La vérité absolue ainsi reléguée dans le domaine de l'Abstraction, la vérité scientifique ainsi comprise et renfermée dans sa Relativité, l'impossibilité de connaître la « chose en soi » une fois bien admise, nous pouvons hardiment nous cantonner dans l'étude des phénomènes dont nous ne pouvons et ne devons chercher que l'enchainement et la relation dans leur universel déterminisme et leur éternel devenir. Ainsi comprise, la Science Expérimentale doit poursuivre l'observation et l'analyse des phénomènes aussi bien dans le monde moral que dans le monde physique, sans se laisser arrêter par la vieille distinction purement arbitraire, purement nominale entre l'Esprit et la Matière. Nous verrons, en effet, qu'il n'y a point là de limite légitime, et que les phénomènes psychiques, depuis leur manifestation la plus élémentaire sous la forme embryonnaire des sensations organiques, de l'instinct animal, jusqu'aux plus hautes manifestations de la Conscience et de l'Intelligence humaine, sont susceptibles d'analyse et de synthèse, sont soumises, en un mot, à des lois, tout comme le reste des Phénomènes de l'Univers. C'est là, du reste, une condition nécessaire de notre Connaissance et de notre Raison : car, autrement, il faudrait admettre qu'il peut exister quelque chose sans cause et sans relation, ce qui est contradictoire. Il ne s'agit pas, bien entendu, de faire des manifestations psychiques des phénomènes physico-chimiques, comme on a pu le reprocher à certaines affirmations hâtives, mal justifiées, d'un matérialisme métaphysique devenu un anachronisme dans notre domaine philosophique. Non, mais il ne faut pas non plus s'attarder davantage à vouloir considérer le Monde Mental comme évoluant sans lois ou dans des conditions essentiellement différentes des lois du reste de l'Univers : une complexité infiniment plus grande, voilà la vraie différence.

Nous sommes ainsi conduits à une vue supérieure et générale des choses : nous retrouvons, par synthèse, l'Unité de l'Univers dont nous avons le sentiment instinctif ; nous comprenons mieux aussi la Loi universelle qui gouverne tout sous le nom de Fatalité que lui avaient donné les Anciens et que nous nommons le Déterminisme : la série infinie du jeu des Forces de la Nature, dont on avait fait le Hasard, et que nous appelons l'Évolution. Mais il reste toujours, pour notre esprit, le besoin de se demander le premier Pourquoi des choses. Nous espérons lui donner satisfaction en lui montrant que la Cause universelle de tout ce qui est, ou plutôt de tout ce qui devient, doit être cherchée dans cette notion expérimentale et d'observation courante que *toutes les forces de la Nature tendent à s'équilibrer en réagissant les unes sur les autres, à se grouper, à se solidariser en donnant naissance aux Phénomènes et apparences du Monde Physique, aussi bien qu'aux hommes et aux sociétés :* c'est ce que nous appelons la Loi d'Équilibration et la Loi de solidarité universelle ou Solidarisme.

Nous entrevoyons ainsi l'unité de la science, en face de l'unité de l'univers. L'astronomie nous montre l'équilibre du monde céleste où nous voyons notre système solaire graviter dans l'espace autour d'un centre encore inconnu, pendant que ses parties, c'est-à-dire, les planètes, gravitent autour du soleil, et que dans notre planète, la Terre, nous voyons tous les corps équilibrés vers son centre par la pesanteur. De sorte que nous pouvons, avec les astronomes, considérer l'Univers céleste comme composé de séries indéfinies de systèmes cosmiques équilibrés, emboités les uns dans les autres, évoluant dans l'espace, dans une mutuelle dépendance, dans un état de solidarité réciproque qui les maintient et les empêche de s'écraser les uns les autres dans leur course folle à travers l'infini.

Les physiciens modernes nous enseignent que les corps sont composés d'agrégats de molécules en mouvement, équilibrés différemment dans chaque corps, sous le nom de cohésion ou attraction moléculaire, et que ce sont ces différences dans ces états d'équilibrations moléculaires qui constituent les états différents des corps solides, liquides ou gazeux; de sorte que, comme nous le montrerons, chaque corps physique, chaque molécule, peut être considéré comme un petit système cosmique plus ou moins analogue à notre système solaire.

En chimie, nous verrons que les modifications des équilibrations moléculaires de ces microcosmes que nous appelons les corps physiques, nous donnent la meilleure explication des phénomènes chimiques de l'Allotropisme, de l'Isomérisme et de la combinaison chimique.

Enfin la Biologie, avec la nouvelle conception de l'Organite, est toute disposée à nous montrer la fécondité de l'application de cette doctrine de la Constitution cosmique, de l'Équilibration ou mieux du Solidarisme, à l'application et à l'interprétation des grands phénomènes de la naissance spontanée de la vie, de la Reproduction organique, de l'Adaptation, c'est-à-dire de l'Évolution.

Nous montrerons enfin que la doctrine nous permettra de suivre la transition insensible entre les Phénomènes matériels et immatériels, entre les Phénomènes organiques et mentaux, depuis la sensation la plus simple, la plus élémentaire, jusqu'à l'idée, la conception la plus abstraite, c'est-à-dire que nous verrons notre mentalité comme notre moralité, comme notre sociabilité, résulter toujours de la même loi de solidarité. Nous retrouverons dans le Règne social (1) la répétition des mêmes lois de Genèse, de développement, d'organisation, d'adaptation que dans le Règne organique, et toujours sous l'influence de la même loi de tendance universelle à l'Équilibration et la même condition nécessaire de la Solidarisation des composantes.

Nous sommes ainsi conduits à envisager le cosmos comme une double série dans le sens de l'infiniment grand, aussi bien que dans l'infiniment petit, et l'ancienne division en Monde Matériel ou Physique et Monde Immatériel ou Mental, s'évanouit dans l'unification de l'Univers, auquel nous ne pouvons plus concevoir d'autre limite que celle de notre perception ou conception, aussi bien dans le sens de l'étendue que dans celui de tout autre mode de perceptibilité physique, ou mentale : c'est précisément et uniquement cette limitation à l'imperceptible, à l'incognoscible qui nous donne l'idée de l'Infini, c'est-à-dire l'idée de l'Au-delà, et c'est une pure question de mots de discuter sur la concevabilité ou la non-concevabilité de l'Infini ; car l'Infini n'est qu'une

(1) *Solidarisme social*, par le Dr J. Pioger; *Revue socialiste* du 15 novembre et du 15 décembre 1891.

abstraction, et par conséquent ne peut avoir de réalité par lui-même. Donner à une propriété quelconque le qualificatif d'infini, dans le sens absolu des scolastiques, c'est supprimer cette propriété en ce sens que c'est la rendre inconcevable, puisqu'une propriété n'est et ne peut être que finie, n'étant qu'une relation : tout ce qui est infini est indifférenciable, par conséquent inconnaissable. Nous allons voir tout à l'heure, à propos des idées modernes de la Science sur le monde physique, que l'analyse aboutit infailliblement à l'indifférenciable, à l'inconnaissable; c'est-à-dire à l'infini, dans le sens de l'infiniment petit avec les physiciens, dans celui de l'infiniment grand avec les Astronomes, et, qu'on nous passe ce mot, faute d'un autre, dans celui de l'infiniment subtil avec les Psychologues.

# CHAPITRE II

## IDÉES MODERNES SUR LA « *MATIÈRE* » ET LE MONDE PHYSIQUE

La conception du Monde physique, de la Matière, a subi une évolution profonde sous l'influence des progrès scientifiques. Autant il paraissait facile autrefois de définir la « Matière », autant il semble difficile aujourd'hui d'en donner une idée satisfaisante. Le mot matière a d'abord signifié tout ce qui tombe sous les sens, tout ce qui peut être mesuré (du sanscrit *matram*, mesure, et de la racine *ma*, faire avec la main). Ce mot, créé pour désigner une distinction entre ce qui présentait les caractères de matérialité et ce qui ne les présentait pas, constituait une simple formule, une étiquette conventionnelle permettant de cataloguer, de classer les faits et les choses en deux grandes catégories, en deux mondes : le Monde matériel ou physique et le Monde immatériel ou mental. Mais à la longue, ce mot matière s'est tellement confondu dans notre entendement avec la propriété qu'il exprime, que nous avons fini par croire qu'il répond à quelque chose de réel, et cette création ontologique purement abstractive de notre esprit a donné naissance aux deux courants philosophiques, Matérialisme et Spiritualisme, qui se sont éternisés jusqu'à nos jours et subsistent encore chez beaucoup de bons esprits, bien que l'analyse scientifique en ait suffisamment prouvé le néant.

S'il est en effet une chose que nous croyons réelle, c'est assurément la matière. Nous sommes tellement imbus de cette conviction que notre premier mouvement est un mouvement de révolte quand on veut nous démontrer qu'elle n'est qu'une pure abstraction de notre esprit, qu'elle n'a pas d'existence propre en dehors des propriétés des corps ou phénomènes physiques par lesquels nous la percevons. Quelque difficile que cela paraisse à admettre pour notre esprit habitué à faire des entités de nos abstractions, il suffit cependant d'analyser aux lumières de la Science ce que nous croyons savoir de la matière pour voir s'évanouir notre erreur à ce sujet.

Il faut en effet bien distinguer dans notre idée de la Matière, deux choses tout à fait différentes, la substantialité et la matérialité : en réalité, nous employons couramment cette expression « matière » dans le sens de « matérialité », c'est-à-dire dans le sens de propriété commune à tous les corps, dits physiques, de tomber sous nos sens : ainsi envisagée, la matière ne constitue qu'une simple généralisation, une abstraction de notre esprit, une propriété qui ne peut exister en dehors du fait de notre perception, d'après la définition même, sous peine de contradiction. Mais les philosophes, entraînés par le besoin de supposer un substratum à toute propriété, ont créé la notion de substance et ont ainsi fait de la Matière la substance des propriétés physiques des corps, de même qu'ils ont fait de l'Esprit la Substance, l'essence des choses métaphysiques, immatérielles, mentales, morales.

Rien de difficile, au premier abord, comme de saisir la cause de cette erreur essentiellement métaphysique ; on pourrait même dire que ceux dont la mentalité s'est développée avec ces idées métaphysiques, n'arriveront peut-être jamais à comprendre l'erreur fondamentale de ces sortes de conceptions. Il faut, en effet, commencer par saisir que la condition fondamentale de notre connaissance est une relation, un rapport entre nous et la chose connue, et qu'une relation ne peut avoir d'existence propre en dehors du fait qui la constitue, ce qui implique que cette relation n'a besoin, pour exister, pour se produire, ni d'une substance ni d'un substratum. Quand nous percevons la sensation d'un objet, nous sommes naturellement portés non seulement à considérer cet objet comme la cause de notre sensation, mais encore à placer la Nature de notre sensation dans l'objet lui-même, c'est-à-dire à faire de notre sensation une propriété intrinsèque, réelle, *substantielle* dans l'objet, tandis que cette propriété n'est que la résultante du rapport de l'objet avec nous, et ne peut avoir d'existence propre en dehors du rapport ou de la relation qui la constitue. C'est ainsi, par exemple, que les physiciens sont arrivés à nous démontrer que la couleur n'a pas d'existence propre, en tant que substance spéciale, réelle, mais résulte simplement du mode d'impression de notre rétine par les ondulations lumineuses qui lui sont diversement renvoyées, réfléchies, réfractées par les corps. On ne saurait, en effet, invoquer qu'ici l'onde lumineuse est la substance, la matière de la couleur, car ce n'est pas l'onde lumineuse qui fait la couleur, mais la façon dont l'onde lumineuse impressionne notre rétine, d'où il résulte que la couleur n'a pas d'autre existence possible que notre perception de couleur, ou mieux ne peut exister que par le fait de la relation de l'onde lumineuse avec notre rétine. D'autre part, si nous poursuivons l'analyse de l'onde lumineuse elle-même, nous serons amenés à l'impossibilité de concevoir son existence en dehors de la notion de relation qu'implique la conception la plus moderne que nous pouvons en faire en tant que simple mouvement ondulatoire de l'éther, puisque ce mouvement de l'éther ne peut se concevoir lui-même autrement que comme un changement relatif, réciproque des particules dont se compose l'éther. Si donc nous pouvons dire que nos impressions objectives varient suivant les objets, ce qui implique qu'elles dépendent des objets, nous sommes bien obligés de reconnaître aussi que ces impressions objectives, que ces perceptions varient également et sont absolument dépendantes de nos moyens de percevoir. Toute perception suppose un objet perçu, et réciproquement : nous ne pouvons pas plus concevoir un objet perçu sans un sujet le percevant, qu'un sujet percevant sans un objet perçu ; ce sont les deux éléments d'un couple que nous ne pouvons dissocier sans détruire le couple lui-même, par conséquent, il est tout à fait impossible de pouvoir envisager isolément l'un ou l'autre de ces éléments. Ceci est, du reste, parfaitement en rapport avec l'impossibilité de nier l'existence du monde objectif aussi bien que celle du monde subjectif. C'est pour n'avoir pas vu, ou pour avoir négligé cette condition nécessaire de toute connaissance, aussi bien pour la Raison pure que pour les Sens, que Berkeley s'est perdu dans les nuages de son subjectivisme, dit Idéalisme, que Kant a essayé de s'extériorer dans son Noumène, et que la Métaphysique tout entière s'est envolée dans les sphères invisibles, inconcevables de la *Substantialité*, de l'Existence « en soi ». La Substantialité comme l'infinité, exprime simplement l'au-delà de notre connaissance, de notre concevabilité.

C'est uniquement parce que nous confondons la *Substantialité* avec l'*Objectivité* que nous croyons, d'une part, à la nécessité d'une substance, d'un substratum aux choses que nous percevons, et, d'autre part, à la possibilité de concevoir cette substantialité. Sans doute, nous sommes bien obligés d'admettre l'existence de l'objet que nous percevons, mais cela n'implique pas du tout la nécessité d'une substance comme l'entend la métaphysique, puisque l'expérience nous montre constamment que nous ne pouvons percevoir que les différenciations dans les rapports des choses, attendu qu'une chose simple, isolée « en soi » est indifférenciable, inconcevable. D'ailleurs, n'est-ce pas un résultat constant de l'analyse scientifique de nous montrer, partout et en tout, que la prétendue substance d'une propriété, ou le prétendu substratum d'un phénomène n'est autre chose qu'un simple rapport ? Quand, par exemple, nous disons que le mouvement ne peut être conçu sans quelque chose qui se meut, et quand nous en concluons que le mouvement a pour substratum ce quelque chose qui se meut, nous sommes dans l'erreur, ce n'est pas la chose qui se meut qui constitue le mouvement, mais seulement la différence entre le mouvement de cette chose qui se meut et le mouvement d'une chose par rapport à laquelle cette première se meut : ce qui constitue le mouvement c'est le changement de situation d'une chose par rapport à une autre : le mouvement n'est, et ne peut être, que l'expression d'un rapport, d'une relation. Or, un rapport ne peut jamais être une chose absolument simple, ayant une existence « en soi », une existence substantielle.

Nous pourrions appliquer le même raisonnement à toutes les propriétés de la matière ; le résultat serait toujours le même.

Donc, la notion de substantialité n'est qu'une illusion résultant de notre interprétation erronée ou insuffisante des choses.

Dans un autre sens, il suffit de réduire par l'analyse les propriétés dites matérielles à leur dernière limite pour être forcé de reconnaître qu'elles n'ont rien de « matériel » dans le sens où nous l'entendons : tels sont, par exemple, les atomes des corps et les molécules de l'éther, ce fluide impondérable dont tous les physiciens modernes admettent l'existence dans les espaces célestes comme dans les espaces interatomiques : bien plus, la physique moderne enseigne que tout n'est que mouvement. Or, le mouvement peut-il être considéré comme matériel ? La chaleur, la lumière, l'électricité, le magnétisme circulant dans l'espace, ne nous offrent rien qui réponde à l'idée ordinaire de la matérialité. Les images réelles qui se forment au foyer des miroirs concaves ne présentent non plus aucun caractère « matériel », pondérable. Cependant, nous ne pouvons pas méconnaître que notre sensibilité ne soit impressionnée par ces phénomènes physiques. D'où, la nécessité de modifier nos idées sur la « matérialité ».

Un des meilleurs moyens, croyons-nous, consiste à soumettre à l'analyse scientifique les propriétés que nous avons l'habitude de considérer comme les plus caractéristiques de la « matérialité ». Prenons la solidité, par exemple : c'est assurément la propriété matérielle par excellence. Eh bien ! que nous enseigne la physique sinon que la solidité dépend uniquement du jeu des forces physiques, cohésion, attraction moléculaire qui maintiennent les molécules des corps dans un état d'agrégation plus ou moins résistant aux actions extérieures? Ne voyons-nous pas les corps passer de l'état solide à l'état liquide, puis gazeux, par une simple modification dans le mouvement de leurs molécules? La solidité se réduit donc elle-même à une question de plus ou moins de mouvement des molécules ou des atomes. Voudra-t-on chercher l'explication de la solidité d'un corps physique dans la solidité de ses atomes constituants! Mais cette solidité des atomes, bien qu'admise en effet par beaucoup de physiciens, est une pure contradiction ou au moins un abus de mot, puisqu'on entend par atome les éléments irréductibles de la matière, et que supposer ces atomes solides c'est leur attribuer une propriété, un rapport, et par conséquent admettre que quelque chose puisse être moins résistant qu'eux, et qu'alors ces atomes pourraient encore être réduits, ce qui est contradictoire. D'ailleurs, n'est-ce pas abuser des mots de prétendre que les gaz sont composés d'atomes solides? Ne vaut-il pas mieux reconnaître simplement que la solidité, au lieu d'être une qualité substantielle de la matérialité, n'est qu'une propriété relative par rapport à nos sens du tact et du mouvement, et que, soumise à l'analyse scientifique, elle se décompose et s'évanouit en mouvements moléculaires pour devenir, par une transition insensible, d'abord la mollesse, puis la fluidité des corps.

Parlerons-nous de l'impénétrabilité, alors que l'expérience nous montre que tous les corps sont pénétrables, précisément par suite de leur constitution moléculaire : et si on veut dire que l'impénétrabilité ne s'applique qu'aux atomes, ne semble-t-il pas que cette impénétrabilité atomique n'est plus du tout le fait physique de l'impénétrabilité telle que nous l'entendons couramment, puisqu'elle se réduit alors à un fait impossible à constater matériellement.

Quant à la pesanteur, outre la nécessité d'admettre l'éther comme impondérable, ne sommes-nous pas toujours obligés de reconnaître un point central où la pesanteur devient nulle ou au moins infiniment petite, et une zone où elle disparaît également par éloignement du centre de la terre sous l'influence de l'attraction solaire ?

Ce qu'il nous faut bien comprendre c'est que nous ne pouvons connaître la matière que par les propriétés des corps physiques, et que ces propriétés sont nécessairement relatives : il n'y a ni corps solides, ni corps pesants d'une façon absolue ; il y a des corps que nous appelons solides, pesants, par rapport à d'autres, tout comme il y a des corps en mouvement et d'autres en repos relativement les uns aux autres, mais nous ne pouvons concevoir ni un corps d'une solidité absolue, ni un mouvement absolu « en soi », car nous ne pouvons concevoir aucune chose autrement qu'en relation : 1° pour la distinguer des autres choses ; 2° pour la percevoir nous-même. Supprimer la relation par laquelle la chose est connaissable, ou connue, c'est supprimer la chose elle-même.

En un mot, nous ne pouvons ni percevoir ni

concevoir rien de simple « en soi » ; nous ne pouvons pas non plus concevoir l'existence de quelque chose sans relation avec autre chose, puisque cette chose n'aurait rien pour la différencier.

En somme, toute notre connaissance du monde physique ou objectif nous vient de l'expérience, c'est-à-dire de nos sens, d'où il résulte que les propriétés des corps sont nécessairement limitées, finies, conditionnées tout comme nos perceptions sensorielles. Sans doute, nous pouvons, par abstraction et par raisonnement, agrandir le champ de notre expérience ou connaissance, mais nous aurons beau ajouter ou diminuer, toujours nous serons arrêtés dans nos spéculations à un point quelconque, au delà duquel notre perception comme notre conception des choses se perdront dans l'imperceptible, l'indifférenciable, l'incognoscible. C'est là, à notre avis, le nœud de toute la question de la connaissance en général comme de toute philosophie. Tout est conditionné dans notre connaissance par les limites de notre perceptivité.

Il ne faut pas croire que les découvertes scientifiques nous aient amenés à la conception claire, nette, définitive de la matière : sans doute, dès que nous avons pénétré les premiers enseignements des Sciences naturelles, nous sommes tout d'abord émerveillés de notre nouvelle vision des choses ; nous sommes portés à considérer comme indignes de nous les vieilles idées sur tout ce qui nous entoure ; nous sentons la nature entière à nos ordres ; nous avons la conviction hâtive d'avoir pénétré ses secrets. Mais, au fur et à mesure que l'analyse scientifique fait des progrès, nous découvrons de nouvelles difficultés, nous nous apercevons que nous ne faisons qu'agrandir notre champ d'expériences et de recherches, sans entrevoir le mot suprême de l'énigme universelle.

Combien on réfléchit peu aux vraies conséquences des découvertes scientifiques sur l'idée que nous pouvons nous faire de l'Univers, et combien peu nous comprenons l'incalculabilité des choses qui nous semblent les plus banales.

C'est bien vite dit, par exemple, que tous les corps physiques se composent de molécules, les molécules d'atomes et ceux-ci d'ultimates, et que tous ces éléments se groupent, s'assemblent d'après les lois du mouvement et de l'attraction universelle. Mais si nous nous demandons ce que cela signifie, si nous cherchons à comprendre comment le mouvement peut à la fois donner la « solidité » d'un corps, son « individualisation » au milieu des autres corps, ses propriétés particulières, ses préférences pour tel corps plutôt que pour tel autre afin de se combiner et de former un corps différent, ses changements suivant des influences aussi obscures pour nos sens que la chaleur, la lumière, l'électricité, le magnétisme, le temps, etc., etc. Que de difficultés, que d'hypothèses (1). Et, cependant, nous admettons tout

(1) *Voir* dans Stallo, *La Matière et la Physique moderne.*

cela couramment comme article de foi scientifique, et nous ne nous récrions que lorsque la philosophie veut nous en montrer les inconséquences ou les merveilleuses déductions. La foi scientifique tend ainsi à s'incruster, à s'organiser dans notre esprit avec un caractère doctrinaire absolu qui lui est essentiellement opposé et étranger. Il y a là une source d'erreur d'interprétation contre laquelle il importe de prémunir les esprits qui veulent s'adonner à la Philosophie scientifique.

Nous nous faisons en général une idée très grossièrement incomplète du Monde physique : rien de grandiose, cependant, pour la pensée, comme ces simples méditations sur les choses envisagées telles que nous les découvrent les diverses branches de la science ; qu'il s'agisse de l'infiniment petit ou de l'infiniment grand, notre raison reste confondue devant les résultats déjà obtenus, notre imagination se perd dans ceux que l'on peut prévoir et notre entendement disparaît dans l'Au-delà de nos connaissances.

Quoi de plus intéressant que de voir les sciences s'aider mutuellement pour éclairer chacune un des innombrables mystères de la nature ? Voyons, par exemple, l'Astronomie s'appuyant d'abord sur les lois de la Mécanique rationnelle pour découvrir les lois de la Mécanique céleste, puis s'emparant des découvertes physiques sur la lumière pour aboutir à l'analyse spectrale qui nous permet d'analyser la constitution chimique de notre soleil, des étoiles qui sont autant de soleils évoluant dans l'immensité, et même des nébuleuses qui nous donnent la représentation de la naissance et de l'organisation de mondes semblables au nôtre.

Voyons aussi la Physique et la Chimie avec le microscope, l'analyse chimique, l'analyse spectrale, le calcul des équivalents, la thermographie, la thermodynamie, l'électricité, etc., nous faire pénétrer dans la constitution infinitésimale des corps que nous avons sous la main; partout, dans le ciel, comme sur la terre, dans les profondeurs incalculables de l'espace comme dans la petitesse non moins incalculable des corps, nous retrouvons cette matière à travers les métamorphoses infinies de laquelle nous ne pouvons reconnaître qu'un seul caractère réellement commun à toutes ses manifestations, celui d'impressionner notre sensibilité par autant de façons différentes que nous avons de moyens différents de perception. En réalité nous attribuons à la matière autant de propriétés différentes que nous avons de moyens de les percevoir. Si l'on veut bien remarquer que nous ne pouvons connaître et juger les choses qu'en relation avec nous, que par rapport à la perception que nous en avons, nous sommes tout naturellement amenés à conclure que les propriétés de la matière sont parfaitement réelles dans notre perception, qu'elles existent bien en tant que fonction de notre entendement, mais que nous ne pouvons ni ne devons chercher si elles existent « en elles-mêmes » en dehors de leur objectivité, sous peine de tomber en contradiction avec le principe même de notre connaissance.

Il n'est peut-être pas inutile de rappeler ainsi la cause de l'erreur du Nominalisme et du Réalisme qui se sont disputé la suprématie dans le domaine de la philosophie depuis Aristote et Platon, et ont occupé une si grande place dans la scolastique, car ces doctrines surannées ont encore beaucoup de partisans à notre époque.

Il est, en effet, bien difficile de ne pas demeurer hanté par le besoin de supposer une réalité à la « matière », envisagée comme la « substance de Tout », si on ne commence pas par se bien pénétrer de la genèse et du mécanisme de notre connaissance afin d'arriver à comprendre que notre notion générale de « matière » est purement et simplement le résultat de l'abstraction, de la généralisation à laquelle nous arrivons, et que tout ce que nous appelons le monde physique ou objectif, nous est connu *de la même façon générale en nous impressionnant dans notre sensibilité, dans notre perception, dans notre conscience*. Ainsi envisagée, l'idée de la matière nous apparait avec son véritable caractère abstractif et ne se différencie de nos autres idées des propriétés ou choses physiques, mouvement, étendue, résistance, etc., que parce qu'elle est plus générale, plus extensive.

Avant d'avoir l'idée générale, abstraite de la Matière telle que nous l'avons aujourd'hui, nos ancêtres ont d'abord éprouvé de simples impressions physiques : ce n'est qu'à force de se répéter, de se multiplier que ces impressions ont fini par se classer, se fusionner en une impression générale commune, comprenant seulement et abstractivement ce qu'elles ont toutes de commun, c'est-à-dire l'excitation mécanique (matérielle, physique) de notre sensibilité par l'impression de résistance (solidité, pesanteur), d'étendue (différence dans l'espace). Ceci est tellement en rapport avec l'histoire du développement de nos idées sur le monde physique que l'on retrouve dans la philologie et dans l'histoire de la civilisation un grand nombre de preuves que l'idée de matérialité a d'abord été attachée aux corps solides puis étendue aux corps liquides, et beaucoup plus tard seulement aux corps fluides, c'est-à-dire aux gaz.

De nos jours nous voyons au contraire la matérialité s'étendre de plus en plus, au point qu'on a fini par vouloir l'attribuer à tout ce qui existe : cet excès, ou plutôt cet abus des termes a largement contribué à jeter du discrédit sur les doctrines scientifiques qui se sont ainsi entachées d'un Matérialisme ou grossier ou métaphysique.

A force de subtiliser, on a dénaturé l'ancienne notion de « matière » ; il est arrivé à la Matière, ce dieu du Matérialisme, ce qui s'est passé pour l'Esprit, ce dieu du Spiritualisme : la substance s'en est évaporée devant la science comme un nuage devant un rayon de soleil.

Il suffit, en effet, de suivre l'analyse physico-chimique de la Matière telle que nous pouvons la réaliser pour la voir se volatiliser, se subtiliser au point qu'il ne lui reste plus aucun caractère

« matériel » proprement dit : tels sont les résultats soupçonnés devant l'observation microscopique et l'analyse spectrale, et les résultats auxquels aboutissent des calculs qui en découlent.

« Il est facile de prouver par une suite de raisonnements irréprochables que si l'on voulait compter le nombre d'atomes chimiques contenus dans un morceau de métal pas plus gros qu'une tête d'épingle, en détachant chaque seconde par la pensée un milliard de ces atomes de la tête d'épingle, on devrait, pour arriver à le faire, continuer cette opération pendant 250 millions d'années ! (1) »

C'est que nous avons en général une idée fort bornée sur la manière d'être de la matière.

« Si, dans une solution saturée de sulfate de potasse, on verse une solution de sulfate d'alumine, moyennement concentrée, en agitant vivement le mélange avec une baguette de verre, il se produit aussitôt un trouble dans le liquide, et, au bout de quelques secondes, il se précipite des cristaux d'une limpidité merveilleuse, scintillant comme autant de diamants, qui sont, sans exception, des cristaux d'alun potassique en octaèdres réguliers : or, si l'on suppose le diamètre de ces cristaux égal à un millimètre, il résultera de cette expérience que, dans le court espace d'une minute de temps, il a pu se produire des molécules d'alun composées chacune de 94 atomes, groupées entre elles en un ordre

(1) Gaudin. *Architecture des Atomes.*

parfait et toujours le même, les groupes alignés entre eux avec une précision absolue et un nombre si grand, qu'un seul de ces cristaux si petits pourrait fournir pendant cent mille ans, à raison d'un milliard de molécules par seconde !... » (1).

« Dans un cube d'eau ayant pour côté un millième de millimètre, lequel pèse mille millions de fois moins qu'un milligramme, et ne peut être vu qu'à l'aide d'un microscope, il y a plus de 225 mille millions de molécules » (2).

« Agrandissons par la pensée l'agglomération de molécules qui forme une goutte d'eau, et conservons à leurs diamètres et à leurs distances les mêmes grandeurs relatives, jusqu'à ce que la goutte d'eau soit devenue égale en grosseur au volume de la terre ; la sphère ainsi obtenue, sera composée de petites sphères plus grosses que des grains de plomb et plus petites que des balles de crocket ou des oranges » (3).

Le tireur d'or prend une certaine quantité de feuilles d'or dont le poids peut ne pas dépasser 3 décigrammes, et en couvre un cylindre d'argent qu'il fait passer par une série de filières ; or, lorsqu'on l'a réduit à un fil aussi petit qu'un cheveu, on l'aplatit entre deux rouleaux d'acier ; on obtient ainsi une lame dont la longueur est à peu près égale à 444.000 mètres. Mais cette lame

(1) Gaudin, *loco citato*.
(2) Dupré. *Théorie mécanique de la chaleur*, IX.
(3) Thomson. *Les dimensions des atomes*.

est formée de deux lames d'or d'une largeur d'environ 1/4 de millimètre, et on peut supposer cette largeur divisée en deux, et ainsi, la quantité d'or équivaut à quatre lames ayant chacune 444.000 mètres. Chaque millimètre de cette longueur peut se diviser en 8 parties visibles, ce qui donne 14 billions 258 millions de parties visibles, dans une petite masse du poids de 3 décigrammes, équivalant à un cube dont le côté n'aurait pas 12 millimètres. Que serait-ce si nous voulions compter le nombre de parties visibles avec un microscope grossissant 500 fois le diamètre !

Supposons une personne exactement équilibrée dans le plateau d'une balance et qu'un peu d'eau entre dans son oreille, elle deviendra évidemment plus lourde, et une balance suffisamment délicate accusera une différence de poids.

Mais supposons qu'un son ou un bruit entre dans son oreille, une lumière dans son œil, de la chaleur dans son corps, cette personne sera en droit d'affirmer que quelque chose est entré en elle, mais cependant ce quelque chose n'est pas une matière pondérable et l'équilibre ne sera pas dérangé.

Nous savons aujourd'hui, ou plutôt nous admettons couramment que tous les corps peuvent passer successivement par les trois états : solide, liquide et gazeux. Bien plus, remarquant que les propriétés différentes des corps sont bien plus nombreuses à l'état solide qu'à l'état liquide, et qu'elles diminuent tellement à l'état gazeux qu'elles finissent presque par s'unifier, Faraday en avait conclu qu'il devait y avoir un quatrième état de la matière (auquel il donnait le nom de Matière radiante), dans lequel la matière devait perdre toutes les différenciations qui constituent les corps physiques, pour devenir une, simple, uniforme. Ce quatrième état existe en effet, et il a été réalisé expérimentalement par les mémorables expériences de W. Crookes. Enfin, le plus grand nombre des physiciens modernes admettent comme nécessaire à l'explication des phénomènes physiques de la chaleur, de la lumière, de l'électricité, du magnétisme, l'hypothèse d'un cinquième état de la matière, l'Ether, dans lequel la matière serait infiniment subtile, impondérable, ne présentant plus aucune propriété physique proprement dite. Les astronomes modernes nous montrent également la nécessité d'admettre cet éther comme occupant l'espace infini.

Nous nous trouvons évidemment ainsi en présence d'un anéantissement complet de la notion ancienne et vulgaire de la Matière, car ce mot, même envisagé dans son acception la plus abstraite, c'est-à-dire comme désignant uniquement la propriété commune à tous les corps physiques de tomber sous nos sens, d'être perceptibles, ne peut plus représenter cette propriété commune à tout ce qui est physique, puisque l'éther n'offre plus aucune propriété différenciable et doit cependant être considéré comme faisant partie du Monde physique.

Si donc nous voulons envisager nos petites idées sur la « matière » des corps qui nous entourent et les rapprocher de ce que nous sommes obligés de penser de l'infiniment grand et de l'infiniment petit, ne trouverons-nous pas que notre perception est nécessairement plus limitée que les choses et n'en n'arriverons-nous pas tout naturellement à conclure que notre connaissance est nécessairement relative et toujours incomplète ; c'est-à-dire que les rapports, les propriétés et les caractères que nous attribuons aux choses ne sont que des approximations, des abstractions ou des appréciations de notre esprit. L'absolue relativité de notre connaissance est la conséquence en même temps que la preuve de sa source exclusive dans l'expérience.

Nous ajouterons, nous retrancherons, jamais nous ne pourrons atteindre la dernière limite des choses, pas plus que nous ne pourrons faire que telle ou telle de nos perceptions ou connaissances ne soit limitée, conditionnée, subordonnée à telle ou telle mesure.

Cet aperçu rapide de notre connaissance du Monde physique suffit pour nous montrer que le passage est insensible des phénomènes d'ordre nettement matériels, à ceux dont la matérialité devient tout à fait inappréciable à notre investigation expérimentale et même à notre conception de la matérialité. On ne peut en effet échapper à ce dilemme : ou bien nous admettons la matière divisible, réductible jusqu'à un certain degré, jusqu'à l'atome, par exemple, que l'on est obligé de supposer doué de quelque propriété finie : volume, poids, pour le rendre différenciable, concevable : ou bien nous la supposons divisible infiniment en éléments infinitésimaux, c'est-à-dire en parties qui n'ont plus ni volume, ni poids, ni aucune propriété physique proprement dite, la matière devenant pour notre connaissance « uniforme, indifférenciable, inconnaissable, inconcevable ».

Presque tous les physiciens modernes tiennent pour la première hypothèse ; c'est ce que nous allons voir dans un rapide exposé de la théorie *Homo-mécanique*, avant d'aborder la seconde hypothèse que nous décrivons sous le nom de *Théorie de la Constitution infinitésimale de la Matière.*

# CHAPITRE III

## THÉORIE ATOMO-MÉCANIQUE

« La matière, dit Wurtz, n'est pas uniformément répandue dans l'espace ; elle n'est ni continue, ni homogène dans les volumes égaux des différents corps. En un mot, les atomes et les molécules qui les constituent ne se touchent pas, mais laissent entre eux des espaces plus ou moins grands. Les volumes atomiques ne représentent donc pas les volumes relatifs qu'occupent les atomes proprement dits, mais comprennent en même temps les espaces interatomiques. Cette remarque s'applique aussi bien aux volumes moléculaires. »

Ainsi on n'admet plus la continuité de la matière comme l'entendait Descartes ; les corps se composent de parties ou molécules qui ne sont elles-mêmes que des assemblages d'autres parties plus petites, les atomes qui sont considérés comme simples, inaltérables, indestructibles, et sont physiquement, sinon mathématiquement, indivisibles. Les modes divers d'agencement et de mouvement de ces atomes constituent les variétés des corps physiques : leur indestructibilité entraine et explique l'indestructibilité de la matière qui ne fait que subir des transformations à l'infini : ces atomes ne peuvent occuper le même espace, étant toujours séparés par un espace interatomique : c'est l'accroissement ou la diminution de ces espaces interatomiques qui donne l'expansion ou la contraction des corps et rend compte de leur compressibilité.

Les savants sont loin d'être d'accord sur la façon d'envisager les Atomes, d'autant plus que cette hypothèse rencontre des objections sérieuses dans la difficulté de la faire concorder avec certaines théories scientifiques. Pour les uns, ces atomes sont absolument durs et inélastiques : pour les autres, ils seraient élastiques, sans quoi la théorie cinétique des gaz ne pourrait se comprendre (Krœnig-Clausius, Maxwell), pas plus que la doctrine de la conservation de l'énergie (R. Mayer, W Thomson).

« On peut concevoir, dit Graham, que les diverses espèces de matières maintenant reconnues pour être des substances élémentaires différentes, puissent avoir des molécules ultimes, des atomes uns et identiques, existant dans des conditions de mouvement différentes. L'unité essentielle de la matière est une hypothèse en harmonie avec l'action égale de la Pesanteur sur tous les corps. Nous savons avec quelle anxiété Newton chercha ce point et quel soin il prit pour s'assurer que chaque espèce de substance (métaux, pierres, bois, graines, sels, substances animales, etc.), subissent, en tombant, la même accélération et sont, par conséquent, également lourds.

« A l'état gazeux, la matière est privée de propriétés nombreuses et variées dont elle paraît revêtue à l'état liquide ou solide. Les gaz ne manifestent qu'un petit nombre de propriétés simples et générales, qui peuvent toutes reposer sur la propriété atomique ou moléculaire. Supposons qu'il n'y ait qu'une sorte de substance, la matière pondérable, et que de plus la matière soit divisée en atomes ultimes, uniformes en grandeur et en poids. Nous aurons alors une seule substance et un atome commun. L'atome étant en repos, l'uniformité de la matière serait parfaite. Mais l'atome possède toujours plus ou moins de mouvement, dû, on peut le supposer, à une impulsion primitive. Ce mouvement donne naissance au volume. Plus le mouvement est rapide, plus l'espace occupé par l'atome est grand, à peu près de même que l'orbite d'une planète s'élargit avec la vitesse de projection. Les seules différences produites par là dans la matière consistent en ce qu'elle est plus légère ou plus dense. Le mouvement spécifique d'un atome étant inaltérable, la matière légère n'est plus convertible en matière lourde. Bref, différentes densités de matières forment différentes substances que l'on a considérées comme des corps simples différents.

« Mais, de plus, les formes plus ou moins

mobiles, plus ou moins légères, plus ou moins lourdes de matière, ont une singulière relation avec l'égalité de volume. Des volumes égaux peuvent se combiner ensemble, unir leurs mouvements et former un nouveau groupe atomique, conservant la totalité, la moitié ou une quelque simple proportion du mouvement originel et du volume qui en résulte : c'est la combinaison chimique. Ce n'est qu'une affaire de volume indirectement liée avec le poids. Les poids qui se combinent sont différents parce que la densité des atomes et des molécules est différente » (1).

Des idées analogues à celle de Graham sont exposées par C.-R.-A. Wright : « Il n'y a qu'une seule espèce de matière primordiale : tout ce qu'on appelle corps simples et composés étant pour ainsi dire des modifications allotropiques de cette matière, différant les uns des autres par la somme d'énergie latente par unité de masse » (2).

Telle est la théorie atomo-mécanique exposée par les savants eux-mêmes. Il est facile d'y retrouver la conception ontologique de la matière envisagée comme la substance réelle, nécessaire des phénomènes et propriétés physiques. Si on remarque que cette doctrine est pour ainsi dire le refuge des meilleurs esprits de notre temps, on a là une preuve bien curieuse de la survivance

(1) *Speculative Ideas respecting the Constitution of the Matter* (*Philos. magaz.*, 4e série, XVII, p. 81).

(2) *Chemical News*, 31 oct. 1873.

de l'esprit scolastique dans les plus belles intelligences malgré tous les progrès de la science expérimentale. C'est là un résultat et une preuve du rôle de l'hérédité et de l'habitude dans l'organisation de notre mentalité sur laquelle nous aurons souvent à revenir (1). Dire que le dernier concept de la matière est la masse, dire que le dernier degré de réductibilité de la matière est l'atome, c'est tomber dans l'inconcevable ou la contradiction : nous ne pouvons en effet concevoir la masse d'une façon absolue, la « masse en soi », puisque l'idée de masse implique une idée de rapport, de proportion, attendu que la masse vise la pondérabilité : de même l'atome qui nous est proposé pour marquer le dernier degré de réduction possible de la matière, ne peut être en même temps irréductible et posséder cependant une propriété quelconque, puisqu'il nous est impossible de concevoir une propriété quelle qu'elle soit sans que nous puissions supposer la possibilité d'augmenter ou de diminuer cette propriété, cette proportion qu'elle comporte.

Il en est évidemment de même pour le mouvement ou mieux pour l'énergie : nous pourrions même dire que c'est peut-être l'impossibilité de concevoir le mouvement « en lui-même », qui a conduit les savants à la nécessité de supposer

(1) *De l'Esprit nouveau et de la Méthode scientifique dans les Sciences morales et sociales*, par J. Pioger, *Rev. socialiste*, 15 juillet et 15 août 1891.

quelque chose qui se meut et leur a fait choisir l'atome. Mais, d'un côté, on proclame que tout n'est que mouvement, changement, transformation : nous ne voyons, en effet, dans la nature que des résultantes de transformations de mouvement, les propriétés qui nous semblent le plus franchement matérielles s'évanouissent devant l'analyse et disparaissent dans les transitions insensibles d'une propriété à l'autre, d'un phénomène à un autre phénomène, d'une chose à l'autre : tout cela est reconnu, proclamé, enseigné par les savants : mais la difficulté ou mieux l'impossibilité au moins apparente de concilier la réalité physique, objective, avec cet effacement, cet évanouissement, cet anéantissement, cette fuite de tout ce que nous appelons et sentons matériel devant l'analyse scientifique, ne semble-t-elle pas amener inévitablement à reconnaître la nécessité d'une substance, d'un substratum à la matérialité, sous peine de tomber dans la négation de Tout, dans le Scepticisme, dans le Nihilisme philosophique ?

Dès lors, l'existence de l'atome n'est-elle pas suffisamment prouvée par la certitude que nous avons de la Réalité physique et l'impossibilité où nous nous sentons de ne pas y croire ? Sans nous attarder à discuter ce genre de preuve *ex absurdo*, légèrement passé de mode dans le domaine expérimental, il nous suffira de pousser un peu plus loin l'analyse de notre conception du Monde physique et surtout de tenir compte du caractère, de la condition même de notre conception comme de notre connaissance. Tout d'abord, n'est-ce pas une singulière inconséquence, après avoir constaté de toutes parts que tout ce que nous voyons et percevons dans le domaine physique, se réduit à des questions de différences de rapports, de vouloir précisément trouver cette réalité, cette limite substantielles là où cesse toute perception possible du fini, du physique? N'est-il pas plus simple et plus logique d'en conclure que la matérialité n'a pas plus besoin de substratum pour exister au delà de la zone, au delà de la limite de notre perceptibilité et même de notre concevabilité que nous n'avons besoin de cette même substantiabilité pour percevoir les propriétés et les corps physiques eux-mêmes. Cette erreur séculaire et fondamentale du Philosophisme provient, en effet, uniquement de ce qu'on a toujours négligé de commencer par tenir compte des conditions mêmes de notre connaissance qui implique, de toute nécessité, un rapport, une relation permettant de distinguer la chose connue ou perçue de ce qui n'est pas elle, et, d'autre part, de ce que l'objet de la connaissance ne peut être qu'un rapport fini, conditionné, tout comme la connaissance elle-même. Ainsi posée, la Question du Monde physique, de la Matière, se confond nécessairement avec la connaissance que nous en avons ou pouvons en avoir, c'est-à-dire que nous ne pouvons ni ne devons lui chercher d'autre existence, d'autre réalité que celle qui résulte pour nous de sa mise en relation avec nous par tous nos moyens de perception objective, d'où il s'ensuit que le Monde physique est conditionné, limité, déterminé dans notre connaissance par les conditions, les limites et les différences de nos divers modes de perception et de connaissance, ce qui entraîne non seulement l'inutilité, mais encore la contradiction qu'il y aurait à chercher un substratum, une substance à un fait de relation, à un rapport, autre que cette relation ou que ce rapport même.

D'ailleurs, la théorie atomo-mécanique, envisagée au point de vue exclusivement scientifique, est loin d'être à l'abri des objections. Sans compter en effet la division d'opinion qui existe entre les savants pour savoir si les atomes sont solides ou non, élastiques ou durs, inertes ou dynamiques, nous devons simplement signaler la discussion encore pendante au sujet de la théorie cinétique des gaz et la difficulté de faire concorder avec la théorie atomo-mécanique la deuxième loi de la thermo-dynamie. La règle absolue de la méthode scientifique étant de toujours faire plier la théorie devant les faits, et non les faits devant la théorie, il suffit de rencontrer de pareilles objections de faits pour tenir la théorie en suspicion jusqu'à plus ample informé.

« La théorie atomique, dit Friedel, ne sera complète que quand elle pourra fournir une explication mécanique du fait important et général auquel on a donné le nom d'*atomicité* ou valence des atomes. C'est là une condition singulière qui est posée à la combinaison et qui est essentiellement différente de l'énergie dépensée dans cet acte. Elle régit le monde des atomes qui peuvent s'agréger entre eux de manière à former une molécule, et distingue la combinaison chimique de la gravitation dans laquelle la masse intervient seule. »

Voilà le problème posé dans toute sa largeur avec ses difficultés et ses desiderata. Nous allons d'abord montrer que nous ne pouvons pas avoir d'autre conception du Monde physique, de la matérialité que sa *constitution infinitésimale;* après quoi, ce que la théorie atomo-mécanique ne peut nous donner au sujet de l'origine et de l'évolution du Monde physique, nous tâcherons de le trouver dans la loi d'*Equilibration générale* ou mieux dans le *Solidarisme universel.*

---

# CHAPITRE IV

## THÉORIE INFINITÉSIMALE DE LA MATIÈRE

Bien que jouissant de la faveur de presque tous les savants modernes, l'hypothèse *atomo-mécanique* est loin de répondre à tous les desiderata de la science : De plus, l'atome a l'inconvénient d'être déjà interprété différemment en physique et en chimie, et ne correspond plus assez exactement à notre conception moderne du monde physique. Nous ne pouvons, en effet, arrêter notre conception de la Matérialité à une limite fixe, déterminée ou déterminable, telle que l'atome, puisque nous ne pouvons concevoir d'autre limite à notre différenciation que l'indifférenciable, ni constater nulle part d'autres limites aux choses que les limites de nos propres moyens de percevoir et de connaître.

Il en résulte que l'aboutissant commun de tout ce que nous pouvons imaginer ou supposer comme caractérisant la Matérialité est nécessairement infinitésimal. Pour bien exprimer que notre conception se perd, de même que les propriétés dites matérielles s'évanouissent, dans l'infiniment petit, c'est-à-dire dans l'indifférenciable, nous croyons plus simple et plus rationnel de donner le nom d'infinitésime à cet état infinitésimal où la matérialité disparait pour notre connaissance.

Cette dénomination nous semble avoir l'avantage de ne rien préjuger de la nature de la matérialité, et de rendre bien compte que nous ne percevons et ne pouvons percevoir que les rapports des choses. De cette façon nous restons dans le domaine expérimental où nous voyons que tout, dans notre esprit comme dans les choses, se compose de nuances insaisissables dans leurs transitions des unes aux autres et qu'il n'existe rien dont nous puissions concevoir l'existence isolément « en soi », pas plus l'atome des modernes que l'Etre des anciens.

Il y a une très grande différence entre affirmer, avec les physiciens modernes, que la matière se compose, en dernière analyse, d'atomes, c'est-à-dire de particules nécessairement finies, limitées, puisqu'elles sont supposées différenciables, connaissables, et dire que, conformément aux données de l'expérience, nous sommes obligés de la considérer comme réductible jusqu'à un état infinitésimal où elle devient indifférenciable. Du reste, nous ne saurions mieux établir la différence qui sépare notre conception infinitésimale de la matière de la théorie atomique, qu'en faisant remarquer la nécessité, pour les partisans de cette dernière théorie, de prêter à leurs atomes des propriétés ou caractères (solidité, élasticité, inertie, etc.) qui en font de véritables corpuscules matériels ou bien de les considérer comme de purs centres de force (Boscovitch, Faraday, Ampère, etc.) Dans le premier cas, c'est aller à l'encontre de l'expérience et de la raison, puisque nous ne trouvons nulle part de limite fixe, absolue, et qu'il nous est impossible de concevoir une limite à notre conception autre que l'inconcevable. Dans le second cas, c'est faire une entité substantielle de la force, au lieu de la considérer comme une simple résultante, ce qui est de la métaphysique pure.

Tout autre est notre hypothèse de la réductibilité de la matière à l'état infinitésimal, c'est-à-dire à un degré où cesse notre conception. Loin de vouloir assigner une limite à la matérialité, nous proclamons ainsi que ce n'est pas la matérialité qui est limitée, mais la conception que nous pouvons en avoir. Il ne s'agit pas, en effet, de savoir si, au delà de notre conception, il peut y avoir quelque chose, mais simplement de constater que la seule limite que nous puissions assigner à notre conception, c'est l'inconcevable : or, l'infinitésime, par sa signification même, désigne précisément ce degré où la matérialité nous devient inconcevable. L'infinitésime, en un mot, répond dans notre esprit à l'infiniment petit, c'est-à-dire au non fini, au non différenciable, à l'au delà de notre connaissance et de notre perceptivité. L'infinitésime exprime l'état le plus réduit des rapports qui constituent les choses ; il ne répond pas à une chose simple, substantielle, mais il est l'expression du rapport infinitésimal de ce que nous appelons : mouvement, étendue. pondérabilité, sous le nom général de matérialité. Ces propriétés, c'est-à-dire les rapports qu'expriment ces propriétés, ne peuvent s'entendre dans l'infinitésime qu'à l'état infinitésimal, sous peine de contradiction.

Si nous raisonnons expérimentalement, nous ne pouvons pas aboutir autrement qu'à la réduction à l'infinitésimal de tout ce que nous pouvons imaginer et supposer comme caractérisant la matière, car, autrement, nous pourrions diminuer ou réduire. Or, supposer que la matière se réduit, en dernière analyse, à l'état infinitésimal, c'est pousser l'analyse aussi loin que possible, et cela sans attribuer de limites déterminées ni déterminables : c'est, en un mot, conclure scientifiquement à notre impossibilité de connaître, de percevoir les choses au delà de certaines limites, absolument comme nous sommes obligés de reconnaître constamment cette même impossibilité pour nos sens de percevoir en dehors, au delà de certaines conditions.

Rejeter nos infinitésimes sous prétexte que nous ne pouvons les concevoir autrement que comme l'expression de l'au-delà de notre conception, ce serait précisément tomber en contradiction avec notre définition des infinitésimes, puisque nous en faisons la limite où notre conception du Monde physique se perd dans l'indifférenciable. Dire que nous ne pouvons rien tirer de ces infinitésimes indifférenciables, c'est méconnaître les conditions constantes de notre connaissance, c'est oublier que nous ne connaissons, en réalité, aucune différenciation, aucune limitation aux choses autres que celles que nous leur attribuons arbitrairement de par les conditions mêmes que suppose notre connaissance elle-même.

Toute la difficulté à admettre dans nos raisonnements, dans nos spéculations intellectuelles cette façon toute expérimentale d'envisager les choses, provient uniquement de la survivance en nous du vieil esprit métaphysique qui nous a donné l'habitude de chercher partout l'absolu comme point de départ et comme point d'appui à tout raisonnement.

La transition insensible, indélimitable des choses des unes aux autres est une donnée d'observation générale, et la preuve de l'arbitraire de toutes nos délimitations et classifications. Partout nous éprouvons la même impossibilité de marquer le commencement et la fin des choses, soit que nous envisagions le Monde physique, soit que nous considérions le Monde organique, ou le passage de l'un à l'autre. Toujours nous sommes obligés de limiter l'illimité, de circonscrire, de finir l'indéfini : partout nous voyons les choses naître, se créer dans notre perception, par la combinaison de nouveaux rapports dans le temps ou dans l'espace, ou résulter de leur considération sous un nouvel aspect par rapport à nos moyens de perception. Limités nous-mêmes dans le temps et dans l'espace, nous ne pouvons apprécier les choses qu'à notre propre mesure ; nous avons beau l'agrandir ou la diminuer, elle reste toujours finie. Notre propre finité est, du reste, la condition essentielle de notre propre différenciation, comme elle l'est de notre perception du Monde objectif. L'infini est contradictoire à toute conception : nous ne pouvons que nous imaginer l'infiniment grand et l'infiniment petit dans le sens du non fini. Tout ce que nous pouvons dire, c'est que, concevant qu'il existe quelque chose et ne concevant pas le néant, nous en concluons que nous devons admettre l'infini, c'est-à-dire l'au-delà, puisque le fini suppose l'infini et réciproquement. Mais l'Infini, ainsi compris, est tout à fait différent de l'Infini métaphysique qui était considéré par les scolastiques comme une entité, une chose absolue, réelle, concevable, tandis que nous n'en faisons que *l'au-delà* de notre connaissance et de notre conceptivité.

Le plus raisonnable à dire dans ces questions transcendantes, c'est que, dans notre concept, la matière est réductible à l'infiniment petit, c'est que l'univers peut se comprendre ainsi tout entier réductible en infinitésimes, et qu'à cet univers nous ne pouvons assigner de limites d'aucune sorte, ni commencement ni fin, ni dans le temps, ni dans l'espace. C'est là, bien entendu, une pure abstraction de notre esprit et nous ne pouvons prétendre en faire ni une réalité ni une chose réalisable : c'est simplement le sentiment de notre propre finité dans l'espace et dans le temps ; c'est la preuve et l'expression de la relativité nécessaire de notre connaissance des choses.

Nous avons vu que la divisibilité de la matière poussée à l'infiniment petit, c'est-à-dire aussi loin que nous pouvons l'imaginer, ne peut se concevoir aboutissant au néant, ce serait contraire à cette donnée de l'expérience que rien ne se crée, rien ne se perd dans la nature, où tout « devient », où tout résulte de changements, de transformations.

Il en est de même pour une autre donnée de l'Expérience en ce qui concerne le mouvement. Nous pouvons arriver à concevoir toutes les transformations possibles de mouvement, mais nous ne pouvons pas concevoir l'anéantissement du mouvement, l'immobilité absolue, pas plus que nous ne pouvons concevoir le mouvement « en soi », c'est-à-dire considéré en dehors de toute relation puisque le mouvement suppose, implique un changement de rapport : il en résulte que nous sommes obligés de supposer les infinitésimes en mouvement et, qui plus est, en mouvement infinitésimal, commun à tous, sans quoi il y aurait une différenciation possible, contraire à l'hypothèse et contradictoire, puisqu'il serait possible de concevoir cette différence dans le mouvement comme pouvant être diminuée ou augmentée, tandis que le mouvement de chaque infinitésime doit nécessairement être infinitésimal, indifférenciable. Il en est de même de l'espace qui sépare nécessairement et uniformément les infinitésimes. Nous retrouvons donc encore là cette autre donnée de l'expérience dont on a fait un principe scientifique : la conservation du mouvement ou mieux de l'énergie. En un mot, notre univers réduit aux infinitésimes répond aux deux derniers résultats de l'analyse scientifique : matière et mouvement ou mieux masse et énergie, tous deux incréés, indestructibles et dont les combinaisons et transformations à l'infini doivent suffire à l'explication de tout ce qui existe. Mais au lieu de considérer la masse et l'énergie comme des Entités, nous en faisons simplement les abstractions les plus grandes que nous puissions avoir de notre Monde physique, dans lequel nous ne pouvons les différencier, les concevoir qu'autant qu'elles expriment un rapport, une relation, comme nous le verrons à propos du couple mécanique primordial résultant de l'équilibration de deux infinitésimes.

Si nous pouvons supposer la matière formée d'infinitésimes dont les modes d'agencement et de mouvements, variés à l'infini, constituent les corps, propriétés et phénomènes du Monde physique, nous pouvons tout aussi bien admettre l'Univers composé uniquement de ces infinitésimes. L'Univers infinitésimal, ainsi compris, ne présente plus rien qui soit différenciable, puisque, par hypothèse, nous le réduisons à des éléments dénués de toute propriété physique : en un mot, cet univers ne présente ni matière proprement dite, ni corps physiques, ni pesanteur, ni gravitation : rien en un mot de ce que nous pouvons percevoir, connaître, et cependant ce n'est pas le néant, c'est l'indifférenciable, car l'infiniment petit reste nécessairement distinct du néant et nous sentons qu'en ajoutant suffisamment des infiniment petits les uns aux autres, nous finirons par obtenir quelque chose de perceptible, attendu que la perceptibilité d'un phénomène dépend d'une certaine mesure, d'un certain rapport, et non de la nature du phénomène « en soi ». C'est du reste ce que nous voyons à chaque instant dans notre perception sensorielle du Monde physique ; c'est aussi ce que nous sommes obligés d'admettre, à chaque instant, dans nos raisonnements pour nous expliquer le passage d'une chose à une autre, par exemple d'une couleur à une autre. Deux surfaces se coupent sous un angle quelconque : nous disons que ce passage est marqué par une ligne, c'est-à-dire par une chose qui n'a pas d'étendue proprement dite. Or, la ligne n'est que l'expression d'un rapport infinitésimal. Deux lignes qui se coupent forment ce que nous appelons le point géométrique, c'est-à-dire un rapport infinitésimal : nous pouvons donc appeler infinitésimes les derniers rapports des choses physiques pour bien exprimer l'au delà de notre perceptivité ; nous ne pouvons pas plus admettre que notre perceptivité soit conditionnée, limitée, sans supposer un au-delà que nous ne pouvons concevoir le fini sans l'infini, puisque, dans les deux cas, ce serait supposer une limite absolue, ce qui est contradictoire et contraire à tout ce que nous savons..

Nous comprenons donc, en même temps, et la nécessité d'admettre la possibilité de cet univers composé exclusivement de parties infinitésimales, et l'impossibilité de rien percevoir ni différencier dans cet univers indifférencié. L'idée la plus commode que nous puissions en donner, c'est celle d'un fluide parfait, dans lequel chaque molécule ou infinitésime se trouve à l'état d'équilibre indifférent, supportant dans tous les sens une pression absolument égale. Or, à l'univers ainsi compris, nous ne pouvons concevoir aucune limite dans aucun sens ; il n'a ni commencement, ni fin, ni tout, ni parties ; n'est-ce pas l'idée de l'infini autant que nous pouvons l'avoir ? Et l'idée de l'infini ainsi envisagée ne nous semble-t-elle pas provenir directement de l'expérience, suivant en cela la loi commune à toute notre connaissance ? Nous avons déjà dit que l'infini, ainsi compris comme l'expression de l'indifférenciable, de l'illimitable pour notre entendement, n'est l'infini que par rapport à nous, et est tout à fait différent de l'infini des métaphysiciens, qui en faisaient une entité, une réalité. On nous objectera certainement que notre univers infinitésimal n'est pas concevable et tombe par conséquent dans la spéculation métaphysique. Nous répondons simplement que nous ne cherchons ici qu'à donner à l'esprit une dernière image des choses, une silhouette, un simple contour au moment où elles s'évanouissent et disparaissent dans les ténèbres de l'impénétrable, de l'imperceptible et de l'inconnaissable. Est-ce que nous ne raisonnons pas à chaque instant sur l'espace, le temps, le mouvement, la force, comme si nous pouvions les concevoir : est-ce que toutes nos conceptions abstraites ne sont pas dans le même cas ? Si nous devions faire de ces hypothèses invérifiables, la base, le fondement, le point de départ de nos connaissances au lieu d'en faire le point où elles disparaissent, nous comprendrions l'objection et la stérilité de notre spéculation. Mais ce que nous voulons, c'est simplement donner un lien au faisceau des connaissances scientifiques, c'est établir l'Unité et la Relativité de notre connaissance, c'est montrer que l'expérience, que la Science expérimentale seule est capable de nous donner une explication plausible des choses, de nous faire découvrir la Loi des phénomènes, la Loi universelle. Ce que nous voulons surtout, c'est noter la transition insensible des phénomènes des uns aux autres, aussi bien dans le Monde physique que dans le Monde organique, mental ou moral : c'est montrer la liaison qui unit le Monde physique, le Monde organique et le Monde mental, moral ou social ; c'est combattre la vieille erreur consistant à voir des entités dans nos classifications et dénominations, à confondre le signe avec la chose, à attribuer une substantialité à de simples rapports ; c'est faire disparaître la prétendue différence essentielle, la différence de « nature » entre les divers ordres de phénomènes en nous appuyant sur les données de la Science qui nous enseigne que tout n'est que transformation, changement dans l'éternel et universel « devenir » ; c'est, enfin, saisir la Loi de ce perpétuel « devenir » c'est-à-dire voir, connaître, nous expliquer le *pourquoi* et le *comment* de tout ce que nous voyons et connaissons, de tout ce qui est, non d'après l'idée que nous pouvons en avoir, non d'après ce qu'il nous semble devoir être, mais d'après ce que l'Expérience nous enseigne.

# CHAPITRE V

THÉORIE DE L'ÉQUILIBRATION DES INFINITÉSIMES COMME LA CONDITION NÉCESSAIRE DE TOUTE DIFFÉRENCIATION PHYSIQUE.

THÉORIE DU SOLIDARISME UNIVERSEL COMME LA CONDITION NÉCESSAIRE DE TOUT CE QUI EXISTE, DE TOUT CE QUI EST POSSIBLE.

---

L'analyse scientifique, d'accord avec les données de l'expérience dans notre entendement, aboutit partout à la réductibilité de la Matière en parties infiniment petites, appelées par les uns Atomes, par les autres Ultimates (Graham) et que nous avons désignées sous le nom d'Infinitésimes, pour bien marquer qu'à ce degré, la matérialité se réduit à un état infinitésimal de tout ce que nous appelons propriété, étendue, mouvement, pondérabilité.

La meilleure idée que nous en puissions donner, c'est de les comparer à ce que les mathématiciens appellent des points mécaniques. Nous avons tellement l'habitude d'attribuer aux mots une valeur qu'ils n'ont pas, que nous sommes toujours portés dans nos dissertations à nous emparer d'un mot pour construire ou détruire des raisonnements où nous perdons le sentiment de la Relativité des choses comme de nos connaissances. C'est ainsi qu'à propos des Infinitésimes il serait facile de phraséologuer sur ces éléments que nous semblons déclarer en même temps matériels et immatériels en les donnant comme les éléments constitutifs de la matérialité et en leur refusant toute propriété de matérialité. Ce sont là jeux de scolastique, dont il faut savoir se déshabituer : les mots, en effet, nous servent avant tout à étiqueter les phénomènes : ne les confondons pas avec les choses elles-mêmes, et surtout n'oublions pas que les mots ne nous servent précisément qu'à indiquer conventionnellement les différences que nous percevons dans l'infinie variété des choses et ne peuvent représenter aucune autre réalité que le fait de notre perception c'est-à-dire l'objectivité. Ainsi, quand nous parlons d'Infinitésimes, comme n'ayant plus aucune propriété physique, nous ne voulons pas dire que ces infinitésimes ne sont plus rien, d'une façon absolue, nous indiquons seulement qu'ils sont au delà de la possibilité de notre connaissance. Qu'il s'agisse de l'Espace, du Temps, ou de la Matière, aussi bien que de toute autre propriété physique, nous sommes dans la même impossibilité de comprendre, de concevoir une limite, un commencement ou une fin à ce que nous appelons Espace, Temps, Matière et de comprendre, de concevoir cette absence de limite, si nous nous en tenons au côté absolu de notre abstraction, au lieu de nous en tenir à la relativité que suppose nécessairement le fait de notre connaissance. Si, au contraire, nous analysons le fait de notre connaissance, si nous tenons compte de la condition nécessaire de relation de l'objet connu avec nous, nous arrivons de suite à comprendre que ce qui limite l'objet de notre connaissance, c'est la condition même, c'est notre moyen, notre capacité de connaitre. Ainsi, par exemple, si nous envisageons la question de l'Espace ou de l'Étendue, par rapport aux dimensions infinitésimales de nos infinitésimes, nous n'avons pas à chercher ce que peut être l'Espace envisagé d'une façon absolue, l'Espace « en soi », mais simplement analyser ce qui produit en nous l'idée d'espace et remarquer la condition nécessaire à notre perception de l'Espace. Or, l'Espace désigne la différence de situation des corps, qui est précisément nécessaire à notre perception des objets comme distincts, puisqu'il nous est impossible de concevoir deux points, comme distincts, sans les supposer séparés par un espace au moins infinitésimal, d'où il suit que notre cognoscibilité, comme la concevabilité des choses, se perd dans l'infiniment petit, c'est-à-dire dans l'indifférenciable pour nous. Toute la discussion des scolastiques sur la divisibilité ou la non divisibilité de la matière à l'infini repose précisément sur la négligence de la relativité nécessaire de notre connaissance qui fait qu'en deçà, comme au delà de certaines limites, nous ne pouvons plus ni concevoir, ni connaitre.

absolument comme nous ne pouvons percevoir par nos sens, en dehors de certaines limites, qu'il s'agisse du tact, du goût, de l'ouïe ou de la vue : ce qui est encore parfaitement en rapport avec les dernières découvertes des sciences physiques, où nous voyons le mouvement produire des phénomènes tout à fait différents, suivant la quantité ou la qualité : tels sont les phénomènes du son, de la chaleur, de la lumière, de l'électricité, etc.

Nous avons déjà dit que les propriétés physiques des corps ne sont que les rapports des choses entre elles et en relation avec nous, et que les infinitésimes ne sont infiniment petits que par rapport à notre perception et non infiniment petits d'une façon absolue. Nous avons vu aussi la nécessité de les supposer tous en mouvement infinitésimal, indifférenciable, puisque chaque mouvement d'infinitésime, comme chaque infinitésime lui-même se perd pour nous dans l'infiniment petit. Nous ne pouvons donc supposer ni mesure, ni direction à ce mouvement, pas plus que nous ne pouvons supposer ni étendue aux infinitésimes, ni espace mesurable entre chacun d'eux.

Mais, si nous ne pouvons assigner ni direction ni mesure au mouvement de chaque infinitésime, nous n'en sommes pas moins obligés d'admettre que ce mouvement a nécessairement toutes les directions, puisqu'il se passe dans l'infini et que, par conséquent, il est en même temps infiniment varié et direct. Or, ce qui est vrai pour un infinitésime est nécessairement vrai pour deux infinitésimes, pour tous les infinitésimes de l'univers infini. Nous pouvons donc dire que deux infinitésimes voisins offrent, de l'un à l'autre, toutes les directions possibles ou mieux une série infinie de combinaisons possibles, de directions réciproques. Dans cette serie infinie de combinaisons possibles, de directions réciproques de deux infinitésimes contigus, il y a de toute nécessité, une combinaison, une seule, où les deux directions se font directement opposition. Or, qu'arrive-t-il, quand deux corps, deux forces, deux mouvements parfaitement égaux, se font diamétralement opposition? Ils s'immobilisent l'un par l'autre, ils se neutralisent, ils se font équilibre. C'est là un principe élémentaire de mécanique, et c'est aussi un fait d'expérience constante. Aussi nous est-il impossible de concevoir qu'il en soit autrement. En effet, nous aurons beau tourner et retourner la question, nous ne pouvons pas méconnaître :

1° La possibilité d'admettre la réductibilité, en dernière analyse, de l'univers entier en éléments n'ayant plus aucune propriété physique, c'est-à-dire concevable, différenciable :

2° L'impossibilité d'assigner des limites à cet univers ni dans le temps, ni dans l'espace, c'est-à-dire l'impossibilité de ne pas le considérer comme infini, puisque tout y devient indifférenciable :

3° La contradiction qu'il y aurait à assigner une direction quelconque à un infinitésime de cet univers infini, puisqu'une direction suppose une relation, une détermination : par conséquent, chaque infinitésime a nécessairement toutes les directions possibles, bien que n'en ayant aucune déterminable :

4° L'inéluctable obligation d'accepter, comme conséquence, la possibilité d'opposition directe de deux infinitésimes contigus, puisque, autrement, il faudrait refuser à ces infinitésimes précisément cette direction unique alors que nous sommes obligés de leur supposer toutes les directions possibles :

5° L'impossibilité de ne pas accepter la possibilité et la nécessité de cette équilibration en couple de deux infinitésimes qui, *seule*, rend possible le fait et la conception de la différenciation dans l'indifférenciable, la naissance du fini dans l'infini; de cette facon, enfin, nous voyons que le fini suppose l'infini, mais que c'est le fini qui se détermine lui-même, et non l'infini qui détermine le fini, ce qui serait une contradiction.

A ceux qui seraient tentés de nous objecter le côté hypothétique purement abstrait de notre théorie des infinitésimes, nous ferons simplement remarquer que les mathématiciens, dans leurs calculs et démonstrations des lois du mouvement et de l'équilibre, supposent précisément, comme nous, les corps réductibles à des points mécaniques, c'est-à-dire, expression changée, à des infinitésimes. Puisque nous admettons, puisque les faits nous montrent la légitimité de cette pratique, pourquoi ne pourrions-nous pas supposer l'univers entier réductible en points mécaniques ou infinitésimes, tout aussi légitimement que les mathématiciens le font pour les corps physiques?

Dans un point mécanique, toutes les forces ou actions qui peuvent agir pour modifier son mouvement, passent nécessairement par son centre de gravité : aussi un point mécanique ne peut-il présenter qu'un mouvement de translation. Poinsot a montré que la rotation prend naissance dans le couple mécanique et que le couple constitue un système dynamique. Nous pouvons donc tout aussi bien envisager l'équilibre de deux infinitésimes comme formant un couple, c'est-à-dire un système dynamique composé de deux infinitésimes en rotation autour de leur centre de gravité que nous devrions appeler centre d'équilibration, pour bien indiquer le rapport entre le fait de la rotation et de l'équilibre qui en est la cause. Nous savons, en effet, que les points mécaniques ne peuvent acquérir de mouvement de rotation par aucune action extérieure, puisque toute action extérieure doit nécessairement passer par leur centre de gravité : il en est de même des infinitésimes : il en résulte que nous ne pouvons comprendre la naissance de ce premier fait de gravitation de deux points mécaniques, autrement que par l'équilibration en couple de ces deux points ou infinitésimes.

Si nous remarquons que ce couple constitue un système dynamique, nous sommes amenés de même à considérer le fait de l'équilibre ou mieux de l'équilibration, comme la cause, c'est-à-dire la relation nécessaire de la production de cet état dynamique, qu'on appelle, en mécanique, l'énergie potentielle. Or, cette énergie potentielle constitue une force et nous pouvons l'appeler force d'équilibration.

C'est bien une force dans le sens où on l'entend d'habitude, car le mouvement de translation de chaque point mécanique ou infinitésime, reprendrait immédiatement sa direction primitive si on pouvait instantanément supprimer la résistance résultant de l'opposition directe; même si on supposait la possibilité d'écarter un moment ces deux infinitésimes dans le sens de leur opposition diamétrale, ils se précipiteraient de nouveau l'un sur l'autre, dès que la force qui les écartait aurait cessé d'agir : témoins le phénomène de l'élasticité et le fait de l'équilibre stable d'un corps quelconque ; on sait, en effet, que le caractère de l'équilibre stable, c'est de se reformer dès que cesse d'agir la cause qui l'a troublé un moment. Appeler cette tendance à reprendre l'équilibre, la Force d'équilibration ou Equilibration nous parait tout aussi légitime que d'appeler pesanteur la tendance que présentent tous les corps à se diriger vers le centre de la terre, ou Gravitation le maintien des corps célestes dans leurs orbites, ou Attraction le fait que toutes les molécules matérielles s'attirent proportionnellement à leurs masses et inversement au carré de leurs distances.

Notre expression de force d'équilibration nous semble d'autant plus légitime, qu'elle a l'avantage ici de traduire une force réelle dans le sens mécanique (énergie potentielle, énergie de position) et en même temps de répondre à l'habitude que nous avons d'attacher au mot force un sens de cause active, efficiente d'un phénomène. Dire que deux points mécaniques ou infinitésimes, animés d'une même quantité infinitésimale de mouvement et se faisant diamétralement opposition, se font équilibre et constituent un couple, en donnant naissance à la force d'équilibration par le changement de leur mouvement de translation dans l'espace en un mouvement de gravitation autour l'un de l'autre, c'est simplement exprimer d'une façon abstraite un fait d'expérience universelle : c'est énoncer la relation du phénomène le plus simple, le plus élémentaire, le plus réduit que nous puissions concevoir, puisque nous ne pouvons concevoir un point mécanique « en soi » en dehors de toute relation avec un autre point mécanique, et que, de plus, nous ne pouvons pas concevoir cette relation de deux points mécaniques autrement que sous la forme d'une dépendance réciproque, d'une solidarité mutuelle qui en fait une unité, un corps distinct, une individualisation physique. Nous avons vu en effet que notre notion de la matière disparait dans l'indifférenciation, dans l'uniformisation, par sa réduction à l'état infinitésimal. Nous comprenons fort bien que nous ne pouvons pas distinguer ces infinitésimes entre eux, ni dans l'espace, ni dans le temps, ni dans leur mouvement, puisque notre définition et notre hypothèse ne supposent aucun caractère différenciable à ces infinitésimes : nous comprenons encore que ces infinitésimes ne peuvent réagir les uns sur les autres ni pour accélérer ni pour ralentir leur mouvement unique et uniforme de translation : nous ne pourrions donc pas concevoir la possibilité d'une seule différenciation dans l'Univers uniquement composé d'Infinitésimes. puisque tout dans l'Univers ainsi supposé est imperceptible. indifférenciable. inconnaissable. si nous n'étions obligés de reconnaître la nécessité d'admettre la possibilité de l'opposition directe et de l'équilibration de deux infinitésimes voisins dans la série infinie des combinaisons possibles de leurs directions réciproques. De sorte que. en dernière analyse. le fait le plus simple. le plus réduit que nous puissions concevoir dans le domaine physique. est la relation de deux infinitésimes, et cette relation implique nécessairement leur équilibration. C'est là le fait élémentaire. primordial. auquel aboutit la Raison aussi bien que l'expérience. et c'est ce fait qui est le point de départ et l'aboutissant de notre connaissance en même temps qu'il nous représente l'origine et la cause des choses. La cause des choses. ainsi envisagée. a l'avantage de rentrer dans le domaine de l'Expérience. de s'appuyer sur les faits. et en même temps. de satisfaire la Raison. en nous montrant la Relativité de tout ainsi que l'universelle dépendance.

Une cause, en effet, n'est cause qu'en relation avec son effet : la notion de causalité nous vient très nettement de l'expérience et n'est qu'une expression de la correspondance des phénomènes physiques, qu'une notation du rapport constant de séquence entre les phénomènes dans les mêmes conditions. La notion de cause n'est que cette même correspondance, ce même rapport de séquence des phénomènes envisagés par abstraction, dans un sens général, c'est-à-dire sans application à un fait particulier. Il suit de là qu'une cause ne peut exister en dehors de la production de son effet, et que ce mot ne peut indiquer qu'un rapport. Ceci montre clairement l'impossibilité de concevoir une cause première absolue « en soi » et justifie notre conception de la cause générale commune dans la force d'équilibration, qui n'est précisément que l'expression du fait de relation le plus simple qui puisse être conçu comme il est le plus général, puisque nous le retrouvons partout, et que nous voyons ainsi l'origine et la fin des choses, comme celle de notre connaissance, commencer et se perdre dans l'indifférenciable, l'indéterminable, l'inconnaissable, en un mot dans l'Infini.

Mais, si nous pouvons légitimement concevoir l'univers entier réductible en infinitésimes, nous pouvons tout aussi bien le supposer, à un moment donné, uniquement composé d'infinitésimes : l'univers infinitésimal ainsi envisagé nous représente en même temps le meilleur symbole que nous puissions avoir de l'Infini et nous permet de comprendre la naissance du Fini dans l'Infini. La formation d'un seul couple de deux infinitésimes se faisant équilibre entraine en effet une différenciation du mouvement infini et infinitésimal, indifférencié, par l'immobilisation relative, réciproque, de ces deux infinitésimes, et une différenciation de l'espace indifférencié par cette même immobilisation réciproque qui a pour conséquence la délimitation de l'espace fini qui les sépare et les circonscrit.

C'est aussi la première transformation de mouvement dens l'infini, et nous savons que le mouvement, ne pouvant se perdre, se transforme en une des forces physiques auxquelles on a donné différents noms suivant les cas : ici nous l'appellons la force d'équilibration ou simplement l'équilibration, mot qui nous servira tout aussi bien à désigner le mouvement qui tend à produire que celui qui tend à détruire l'équilibre. L'état d'équilibre ne doit pas être confondu avec l'état d'inertie, car, dans tout phénomène d'équilibre, il y a une force en jeu : la cause de l'immobilité relative qui constitue l'équilibre de deux corps est une force arrêtée dans son action, tenue en suspens, et comme en réserve : c'est du mouvement en puissance, c'est-à-dire empêché : loin de représenter l'absence de force, les faits d'équilibre constituent l'essence même de la force.

Si nous considérons notre premier fait de l'équilibration de deux infinitésimes, nous voyons ainsi se réaliser le couple idéal des mathématiciens, c'est-à-dire l'opposition directe de deux forces, de deux points mécaniques se faisant équilibre. Or le couple est un système dynamique : il représente même l'idée la plus simple, la plus réduite que nous puissions avoir de la force, car, pas plus que le mouvement, la force ne peut être conçue d'une façon absolue, comme ayant une existence « en soi » : elle suppose au moins la relation de deux mouvements, comme le mouvement suppose un changement de rapport de situation d'au moins deux points. Il ne suffirait pas, en effet, pour concevoir la force ou le mouvement, de supposer deux points perdus dans l'infini, c'est-à-dire sans aucune relation déterminée de l'un à l'autre, car alors on ne pourrait les concevoir eux-mêmes, faute d'un rapport qui, seul, les rend différenciables et concevables. Or, nous avons vu, de plus, que la seule relation possible que nous puissions concevoir et qui les rend différenciables et concevables, c'est leur équilibration en couple. Pour nous familiariser avec cette notion capitale de la naissance de la force par la transformation du mouvement infinitésimal de translation des infinitésimes dans l'infini, en un état dynamique d'immobilisation relative de deux infinitésimes équilibrés en couple (énergie potentielle — énergie de position —), nous n'avons qu'à comparer l'immobilisation relative de ces deux infinitésimes en couple, à l'arrêt, à l'immobilisation d'un corps qui tombe vers le centre de la terre : l'arrêt qui se produit dans la chute constitue, en effet, ce que nous appelons vulgairement l'équilibre des corps à la surface de la terre. Or, cet arrêt du mouvement de chute du corps constitue bien un état dynamique que nous appelons énergie potentielle, car le mouvement de chute n'est qu'empêché, et il suffit de supprimer l'obstacle pour voir le mouvement de chute recommencer jusqu'à ce qu'un obstacle nouveau vienne l'arrêter. Bien plus, la physique et la mécanique nous enseignent que, dans ce cas, une partie de la vitesse se trouve supprimée par le fait de l'arrêt et que cette dernière quantité de mouvement se change en chaleur et en modification moléculaire : c'est ce qu'on appelle le travail. Il devient donc facile ainsi, non seulement de comprendre la naissance de la force par la première différenciation du mouvement infinitésimal des infinitésimes, lequel représente l'énergie infinie, invariable, indestructible de tout ce qui est, mais aussi, par la série infinie des transformations du mouvement et de la force, de concevoir la genèse de tous les phénomènes physiques, force, chaleur, électricité, magnétisme, etc., dont l'ensemble constitue l'Univers.

Ainsi, nous retrouvons à l'origine de la différenciation de la matérialité les propriétés qui ont toujours été considérées comme fondamentales, comme caractéristiques de la matière physique : l'étendue, le mouvement, la force, l'impénétrabilité qui prennent naissance par la formation de notre premier couple. L'impénétrabilité ne peut, en effet, se comprendre que pour ce premier couple qui forme un centre, qui constitue une individualisation physique, impénétrable aux infinitésimes voisins au milieu desquels il évolue comme dans un milieu indifférent, impénétrable aussi aux autres couples ou systèmes avec lesquels il pourra s'équilibrer, en formant des systèmes complexes dans lesquels il conservera son individualité. Le couple nous donne ainsi la meilleure idée que nous puissions nous faire de l'individualisation physique, de la constitution de ce que les modernes entendent par atome, puisque nous ne pouvons décomposer cet atome sans détruire notre notion de matière qui se perd dans l'infinitésimal et l'indifférenciable. Nous pouvons même ajouter que ce couple nous donne encore la meilleure façon de comprendre la solidité, bien que nous devions immédiatement faire remarquer que la solidité, telle qu'on l'entend vulgairement, est une résultante d'équilibrations moléculaires infiniment plus compliquées : aussi serait-il plus juste de dire la résistance. Enfin, le couple, évoluant dans l'infini des infinitésimes comme dans un milieu parfaitement indifférent, répond encore à ce qu'on appelle l'inertie, car il ne peut avoir aucun rapport dans l'infini, ni subir aucune influence tant qu'il ne sera pas en relation d'équilibre avec un ou plusieurs autres couples ou systèmes semblables : on pourrait donc le supposer immobile ou en mouvement, sans y rien changer, puisque ces mots ne signifient rien dans l'infini, et qu'ils ne peuvent prendre de signification que dans le fini, c'est-à-dire par suite de relation de ce couple avec quelque autre couple : ce qui prouve et implique que le Fini suppose l'Infini et réciproquement, mais que ce n'est pas l'Infini qui détermine le Fini : c'est le Fini qui se détermine lui-même dans l'Infini.

C'est là le point le plus difficile comme le plus important à bien saisir pour arriver à comprendre la Genèse cosmique, c'est-à-dire la naissance dans l'infini du Monde physique avec ses lois et propriétés finies, relatives, telles que nous les connaissons et telles que nous les concevons. Nous ne pouvons pas plus ne pas admettre cette genèse du fini dans l'infini, cette origine du monde physique par la différenciation infinitésimale de l'infini indifférenciable, que nous ne pouvons méconnaître la nécessité d'admettre que tout, dans notre connaissance du monde physique, se perd et s'évanouit dans l'infiniment petit, dans l'indifférenciable, dans l'imperceptible, dans l'inconnaissable. Il suffit, en effet, de réfléchir, pour comprendre qu'il ne peut pas en être autrement : on pourra varier les expressions, changer la façon d'envisager les choses : jamais on ne pourra faire que le Fini, tel que nous l'entendons en science physique, ne soit relatif à nous, ne soit limité par nos moyens de perception au lieu d'être limité « en lui-même ». Ce qui veut dire que nous ne faisons que désigner conventionnellement les limites, conditions et caractères de nos perceptions et conceptions, sans quoi nous ne pourrions rien connaître ni nous entendre sur rien. Il n'y a qu'à rappeler à ce sujet les dissertations interminables et vaines des métaphysiciens et des scolastiques sur les Entités et les Absolus. Dès que l'on admet que tout ce qui existe provient non pas de Rien, mais résulte de transformations, de changements, ou plutôt représente, exprime la façon dont nous sommes impressionnés dans notre sensibilité physique. sensorielle ou intellectuelle: dès que l'on a compris que c'est le fait, la façon de notre perception ou de notre connaissance qui donne leur caractère aux choses physiques comme à l'objet de notre connaissance. notre entendement se trouve subitement illuminé et le Monde physique nous apparait comme éclairé par transparence. Il ne s'agit plus en effet de savoir comment ce Monde physique a pu sortir du Néant ; comment la Matière a pu être créée : mais seulement comment cette Matiere que nous percevons et sentons par tous nos moyens de perception et de connaissance peut nous être différenciable, connaissable. concevable. Puisque notre Monde physique est nécessairement et exclusivement conditionné dans notre connaissance par les conditions mêmes de notre connaissance, il serait contradictoire de chercher s'il peut avoir une existence absolue, « en soi ». Il suffit, en effet, de réfléchir un peu aux données de l'analyse scientifique pour comprendre que nous ne connaissons et ne pouvons rien connaitre en dehors des conditions ou limites de notre cognoscibilité. Dès lors le problème de la création *ex nihilo*. envisagée dans le sens absolu où l'entendaient les scolastiques, n'a plus lieu d'être posé. puisqu'il implique une contradiction. En résumé. nous arrivons en dernière analyse à la nécessité de conclure que le problème de l'origine du Monde physique se confond intimement avec le problème de notre connaissance elle-même. Or, si nous comprenons l'inutilité de nous demander s'il existe quelque chose, non moins que si nous connaissons quelque chose, puisque cela impliquerait un non sens, une contradiction, nous devons et nous pouvons nous demander comment quelque chose peut exister, comment quelque chose peut nous être connu ou connaissable : si, enfin, nous remarquons qu'une chose ne peut exister pour nous qu'autant qu'elle est connaissable, c'est-à-dire possible dans notre entendement, nous sommes ainsi amenés à une seule et unique question primordiale : Comment une chose peut-elle être connue, connaissable, ou concevable ?

Voilà pourquoi nous revenons à chaque instant sur notre cognoscibilité, sur la concevabilité des choses, et pourquoi nous retrouvons, en tout et partout, la même limite du Monde physique et de notre conceptivité : l'indifférenciable, l'inconcevable, l'inconnaissable. C'est là un point sur lequel nous ne saurions trop insister, ni trop souvent revenir, sans craindre de nous répéter, pas plus qu'un savant ne doit craindre de multiplier ses expériences ni de revenir sans cesse à un fait acquis, à un résultat prouvé, à un principe établi expérimentalement, pas plus qu'un mathématicien ne doit se priver de la facilité de démonstration que lui fournissent les axiomes et les solutions antérieures : car la logique a aussi ses axiomes, ses principes qui constituent autant de jalons, autant de points de repère et de points d'appui qui simplifient et abrègent les raisonnements, et correspondent à de véritables expériences, puisqu'ils permettent de soumettre les idées ou hypothèses nouvelles au contrôle de groupes de faits ou vérités expérimentales antérieurement acquises. Les données de la logique, en effet, ne sont que le résultat de l'expérience spontanée, naturelle des conditions nécessaires de la connaissance. Sans aborder ici le problème ardu de la connaissance qui implique d'ailleurs nécessairement le problème de l'idéation, de psychogenèse, c'est-à-dire le problème de l'origine et des lois de l'organisation de notre mentalité, comme nous le verrons plus tard, il nous suffira de rappeler que la condition la plus réduite comme la plus extensive, la plus particulière et la plus générale que nous puissions concevoir comme essentielle à toute connaissance, est une simple différenciation, une simple différence, absolument nécessaire pour que la chose connue puisse être distinguée, différenciée de ce qui n'est pas elle.

La différence la plus simple que nous puissions concevoir, c'est la différence d'existence dans le temps ou dans l'espace, c'est-à-dire une simple différence de succession ou de situation de deux choses absolument identiques et absolument simples, inconcevables « en elles-mêmes », comme les infinitésimes. Si nous remarquons que cette différence de succession ou de situation ne peut se concevoir sans impliquer une notion de relation, de rapport, de dépendance : si nous ajoutons qu'une pareille relation, qu'une semblable dépendance ne peut se comprendre ni dans le temps, ni dans l'espace, sans impliquer une unification de ces deux entités en un tout, en un entier, si nous nous rappelons que la seule relation, la seule dépendance possible de deux infinitésimes dans l'Infini indifférenciable est leur Équilibration en couple, nous sommes amenés à reconnaître que la chose physique la plus simple, la plus réduite qui puisse être conçue, qui soit possible, est le *Couple mécanique de deux infinitésimes équilibrés nécessairement et spontanément, sans besoin d'aucune autre cause que le fait seul et nécessaire de leur opposition diamétrale dans leur mouvement de translation infiniment varié et nécessairement direct dans l'Infini.* Et puisque ce couple primordial, cette chose physique la plus élémentaire qui puisse être conçue, n'est différenciable, connaissable, concevable, possible, que par le fait de la mutuelle dépendance ou mieux de la solidarité des deux composantes qui en fait une Unité, un Tout (solus), un Entier (solidus), nous sommes bien obligés de reconnaître que l'Equilibration nous apparaît comme la cause primordiale, nécessaire de la différenciation du fini dans l'infini indifférencié, et la Solidarisation comme la condition nécessaire de toute individualisation de tout ce qui existe individuellement.

# CHAPITRE VI

## SYNTHÈSE COSMIQUE OU ASTRONOMIQUE

Après avoir exposé notre théorie sur la constitution infinitésimale de la matière, après avoir montré la genèse des choses comme la résultante de l'équilibration nécessaire des infinitésimes, il nous reste à confronter notre hypothèse avec les faits de la Science. L'importance exclusive que nous attribuons au côté mécanique dans notre cosmogénie, est une indication à soumettre nos idées d'abord aux données de la Science astronomique qui envisage exclusivement l'étude du mouvement des corps célestes dans l'espace.

Toute la mécanique céleste repose sur la loi de l'Attraction universelle d'après laquelle les corps s'attirent proportionnellement à leur masse, en raison directe du carré de leur vitesse et en raison inverse du carré des distances. Mais l'attraction en dernière analyse ne se comprend pas à moins d'en faire la résultante de l'équilibration. On ne peut, en effet, concevoir l'attraction autrement, à moins de la considérer comme une propriété

« inhérente, innée, essentielle, de telle sorte qu'un corps puisse agir sur un autre à distance, à travers un vide, sans l'intermédiaire de quelque substance par le moyen de laquelle leur action puisse être transmise de l'un à l'autre; ce qui est pour Newton une absurdité si grande qu'il ne croit pas que jamais un homme, ayant en matière philosophique une faculté compétente, puisse jamais y tomber » (1). Aussi, les savants en sont-ils arrivés à décréter d'avance l'impossibilité de toute cosmogénie plausible (2). Nous croyons que cette impuissance n'est pas réelle et provient uniquement de ce qu'on a voulu faire de l'attraction une entité, une propriété existant par elle-même et en elle-même, au lieu d'en faire une simple résultante, la simple expression d'un fait inexpliqué et inexplicable autrement que par l'équilibration. Il suffit en effet d'envisager comme des résultantes de l'équilibration l'attraction et la gravitation pour voir aussitôt se simplifier et s'éclairer les questions les plus obscures de l'origine des mondes.

Nous avons vu que le premier couple mécanique, matériel, doit nécessairement être considéré comme libre dans l'infini : c'est un Centre cosmique qui se forme et se maintient par la seule force d'équilibration, *indépendamment de toute action extérieure comme de toute propriété*

(1) Newton. 3e *lettre à Bentley*.

(2) *Voir* Stallo. *La Matière et la Physique moderne*. ch. XV.

*inhérente aux infinitésimes.* C'est là, pour nous, la seule clef de toute cosmogonie compréhensible : nous ne pouvons pas concevoir qu'il puisse en être autrement. En effet, ce couple est nécessairement libre dans l'infini puisqu'il est seul ; d'autre part, nous savons qu'il est concevable et par conséquent possible. C'est le Fini dans l'Infini, le déterminé dans l'indéterminable. Or, la formation toute spontanée de ce couple, sans la nécessité d'aucune autre intervention que la simple coïncidence de l'opposition diamétralement opposée du mouvement de translation de deux infinitésimes dont nous sommes obligés de reconnaître la possibilité de la rencontre dans l'infini, entraîne nécessairement la concevabilité de son évolution libre dans l'espace infini, puisque ce couple constitue une chose finie, pouvant exister par elle-même et que nous ne pouvons lui concevoir aucune dépendance. Par conséquent, tant que ce couple primordial est envisagé seul, c'est-à-dire en dehors de toute relation avec d'autres couples semblables, nous ne pouvons lui concevoir ni position, ni direction, ni vitesse différenciables par rapport à l'infini. Mais la nécessité où nous sommes d'admettre la possibilité de la formation d'un premier couple, implique la possibilité de la formation d'une série infinie de couples semblables. Nous ne pouvons pas concevoir l'existence de plusieurs couples dans l'Espace infini, sans concevoir en même temps la délimitation de l'espace qui les sépare, sans quoi il y aurait contradiction à vouloir supposer plusieurs points séparés par un espace infini. Tant que nous n'envisageons qu'un seul couple, nous ne pouvons lui supposer ni direction, ni position dans l'Infini, mais dès que nous supposons l'existence de deux couples, nous sommes obligés de leur supposer un rapport quelconque dans l'Espace : dès que nous en supposons trois, nous sommes obligés de leur reconnaître une position déterminée ; c'est là un axiome en mathématiques. Sans doute, nous pouvons supposer une série infinie de couples séparés par des distances infiniment variées et variables ; mais nous ne pouvons pas ne pas tenir compte de la notion de l'espace dans notre conception, et cette notion de l'espace entraine immédiatement comme conséquence la notion de direction par rapport aux mouvements de ces corps. Il s'agit ici, bien entendu, de la direction réciproque de ces corps par rapport les uns aux autres, car nous savons que ces corps ne peuvent subir aucune influence et ne peuvent avoir aucune direction dans l'infini, en dehors des actions et réactions qu'ils peuvent exercer les uns sur les autres ; et ces actions et réactions ne peuvent se comprendre autrement que d'après les lois mécaniques du mouvement et de l'équilibre. Si nous remarquons que le couple constitue en réalité une masse au point de vue physique comme au point de vue mécanique (masse infinitésimale), nous avons dès lors à considérer, dans les rapports des couples entre eux, la masse, le mouvement ou la vitesse, la distance, c'est-à-dire les trois éléments qui constituent et qui règlent le phénomène universel de l'Attraction, dont la gravitation n'est qu'un dérivé. Nous devons encore remarquer que la nécessité de joindre à notre conception de la pluralité des couples dans l'espace, la notion de distance et même de direction réciproque dans le mouvement de ces éléments, implique nécessairement dans notre esprit la notion d'un rapport de dépendance mutuelle, réelle, effective. Or, nous ne pouvons pas comprendre cette dépendance autrement que par le fait de l'équilibration et l'équilibration implique la notion d'action à distance. La naissance d'un seul couple entraîne une différenciation, une délimitation de l'Espace infini, puisqu'il faut nécessairement que les deux infinitésimes soient séparés pour être distincts et pouvoir agir et réagir l'un sur l'autre : or, ce fait implique nécessairement l'action à distance de la force d'équilibration. On aura beau, en effet, objecter que la distance qui sépare nos deux infinitésimes est infinitésimale et par conséquent négligeable, nous pouvons toujours aussi faire remarquer que les deux infinitésimes sont eux-mêmes de proportion infinitésimale, et que par conséquent leur dimension égale l'espace qui les sépare. Là encore il faut éviter d'envisager les choses d'une façon absolue, si on veut ne pas se perdre dans des raisonnements sans fin.

Il nous suffit de constater, une fois de plus, que l'interaction physique ne peut se comprendre, comme fait ultime, autrement que sous la forme de l'équilibration qui comprend, comme nous l'avons déjà dit, non seulement le fait de l'équilibre, mais aussi la tendance à l'équilibre. Dès que les masses et les distances entrent en jeu, le rôle de la force d'équilibration devient de plus en plus complexe et difficile à saisir par suite du nombre de plus en plus grand des composantes de la résultante.

Le raisonnement qui nous a conduit à reconnaître comme nécessaire la rencontre en opposition directe et l'équilibration de deux infinitésimes, nous oblige à reconnaître de même la nécessité de la rencontre et de l'équilibration des couples ou systèmes d'infinitésimes déjà équilibrés : nous ne pouvons, en effet, ni supposer ces couples en repos absolu, ni les concevoir en dehors de leur relation réciproque. De même que nous ne pouvons concevoir leur position dans l'espace autrement que par leur position respective les uns par rapport aux autres, de même, nous ne pouvons concevoir leur propre mouvement autrement que par rapport à la distance qui les sépare, puisque, si nous supposons deux ou plusieurs de ces couples fixes par rapport les uns aux autres, c'est-à-dire séparés par un espace invariable, nous ne pouvons plus leur concevoir aucun mouvement, leur mouvement d'ensemble se passant dans l'infini et équivalant, par conséquent, à l'absence de mouvement aussi bien qu'à tous les mouvements possibles comme direction et comme vitesse. Or, nous ne pouvons supposer aucune relation entre ces couples autre que celle qui peut résulter de leur équilibration réciproque, puisque ces couples sont supposés libres dans l'Infini et ne peuvent subir aucune autre influence que celle de leurs semblables. Mais cette équilibration des couples n'est pas nécessairement simple : nous pouvons, en effet, concevoir ici la possibilité d'équilibrations multiples par la rencontre de plusieurs couples : ces équilibrations multiples ne peuvent ni se comprendre, ni se faire autrement que d'après les lois d'équilibration mathématique, c'est-à-dire d'après leur tendance à former des solides géométriques plus ou moins compliqués suivant le nombre de couples équilibrés en systèmes, depuis la ligne droite pour deux couples, le triangle isocèle pour trois, le carré pour quatre, le pentagone pour cinq, etc., etc. Bien plus, si nous tenons compte de la diversité de direction de rotation des couples composants, nous sommes amenés à concevoir combien peuvent se multiplier et se différencier ces combinaisons d'équilibrations par suite des attractions et répulsions naissant de la similitude ou du renversement du sens de rotation dans les couples composants. De là aussi des inégalités de distance et la naissance des différences de volume et des phénomènes de gravitation, tels que nous les voyons dans notre système solaire.

Avec notre théorie, nous sommes obligés d'admettre en même temps et la possibilité continuelle, et la rareté infinie des faits d'équilibration cosmique, d'où la formation successive et infiniment lente de la matière cosmique, qui doit ainsi nous offrir d'abord les combinaisons les plus simples comme les plus stables, les autres ne devant résulter que d'une évolution plus tardive, par suite des équilibrations et rééquilibrations plus complexes et conséquemment plus instables. Or c'est bien ce que nous constatons avec les nébuleuses dans lesquelles l'analyse spectrale ne nous décèle que des substances gazeuses relativement simples comme l'hydrogène, ou métalliques comme le fer. C'est encore ce que nous constatons de préférence dans les corps célestes en ignition comme notre soleil, tandis que dans les soleils refroidis, vieillis, comme les planètes. Mars, la Terre, la Lune, nous voyons la matière revêtir des individualisations beaucoup plus variées et plus compliquées. Nous ne devons pas oublier, sous ce rapport, que les découvertes de la géologie nous enseignent suffisamment, que sur notre Terre, les corps physiques se sont multipliés au fur et à mesure que les conditions cosmiques et le temps ont permis les innombrables équilibrations et rééquilibrations moléculaires qui constituent aujourd'hui le vaste domaine dont nous avons à parler à propos de la chimie et du règne organique. Partout nous retrouvons la preuve de notre théorie, à mesure que les progrès scientifiques nous montrent mieux le mécanisme des phénomènes naturels.

N'est-il pas très remarquable que les progrès en astronomie n'ont réellement commencé qu'à partir du jour où la conception Newtonienne a posé le problème de la gravitation comme un problème d'équilibration ? Sans doute, Newton ne s'est point servi de cette expression ; Laplace, dans sa savante vérification du mécanisme céleste, n'a point non plus prononcé ce mot ; Leverrier a trouvé la place de Neptune en reconnaissant la nécessité de sa présence pour l'équilibre de notre système solaire : partout, en astronomie, l'idée de l'équilibration mobile comme la condition de la statique céleste, est facile à saisir à travers les diverses expressions qu'on lui a prêtées. C'est que la gravitation, soumise à l'analyse, ne peut aboutir autrement qu'à l'équilibre d'un couple primordial tel que l'a démontré Poinsot, avec la rotation (gravitation) de ses deux éléments autour l'un de l'autre. La gravitation, en effet, ne peut se concevoir « en elle-même » et nécessite au moins deux corps qui gravitent autour l'un de l'autre, ou dont l'un gravite autour de l'autre ; or, comme nous savons que les corps peuvent et doivent toujours se ramener à la conception de points mécaniques, il en résulte que la gravitation aboutit toujours, en dernière analyse, à l'étude de la gravitation de deux points mécaniques, comme nous l'avons fait voir plus haut. Remarquons encore une fois que l'équilibration est le premier phénomène physique qui se puisse comprendre et se différencier dans l'Universel indéterminé : la gravitation n'est que la résultante de l'équilibration : elle la suppose et ne peut se comprendre sans elle. S'il en est ainsi pour un système quelconque depuis le plus simple, le plus réduit, comme le couple mécanique, jusqu'au plus compliqué, comme notre système solaire, à plus forte raison ne pouvons-nous plus concevoir l'Évolution des Mondes célestes composés de systèmes solaires analogues au nôtre, sans faire intervenir la notion d'une dépendance mécanique entre ces mondes, indispensable pour concevoir leur existence sans se perdre ou s'écraser dans leur course folle à travers l'Espace infini.

Si, en effet, on peut supposer notre nébuleuse primitive susceptible d'amener la formation de notre système solaire par la seule action des lois mécaniques du mouvement, il n'en reste pas moins indispensable de trouver une autre explication à la naissance de cette nébuleuse que la théorie de la gravitation ou de l'attraction. Il ne suffit point de répondre que la nébuleuse a une existence incréée, éternelle, car il devient tout à fait impossible d'admettre l'apparition spontanée d'un changement aussi profond dans cette nébuleuse que sa transformation en notre système solaire. Il ne sert à rien de vouloir se payer de mots : on peut, au point de vue scientifique, positif, soutenir que nous ne pouvons pas aller plus loin dans nos interprétations cosmogéniques ; mais on ne peut ainsi satisfaire notre raison qui ne peut comprendre ce changement sans l'intervention d'une cause et cette cause ne peut se comprendre originellement par la gravitation ou l'attraction. Au contraire, dès qu'on admet notre hypothèse de l'origine infinitésimale des choses par l'équilibration nécessaire des infinitésimes, nous entrevoyons en même temps, et la possibilité de la formation spontanée du Fini dans l'Infini, et la cause toute naturelle et toute rationnelle de cette création spontanée, et l'apparition nécessaire d'un nombre infini de centres cosmiques, c'est-à-dire de Mondes célestes différents, et la nécessité des interactions et réactions de ces mondes les uns sur les autres, sous la seule forme possible de l'Équilibration. De cette façon, nous retrouvons, à l'origine comme à la fin des choses, dans l'infiniment petit comme dans l'infiniment grand, la même explication satisfaisante pour notre raison et conforme à notre expérience.

Si l'on tient compte, en effet, de la nécessité d'admettre l'équilibration comme condition du groupement des centres cosmiques, nous sommes amenés à voir dans les équilibrations secondaires, partielles, c'est-à-dire dans la solidarisation des parties dans un Tout, la condition de formation et d'existence des différenciations, des groupements, des individualisations dans la nébuleuse primitive. Autant il est difficile de comprendre le rôle effectif de l'Attraction sur la matière primitivement supposée uniforme, indifférenciée, pour former même un atome; autant encore l'attraction est difficile à comprendre dans son action sur les atomes entre eux pour former autre chose qu'un amas infini d'atomes; autant notre hypothèse d'un premier couple formé spontanément et nécessairement par équilibration de deux infinitésimes nous rend facile la compréhension du microcosme représenté par ce couple infinitésimal, lequel nous donne l'image de l'Univers entier que la science nous montre comme composé d'une série infinie de systèmes cosmiques emboités les uns dans les autres, depuis les atomes équilibrés en molécules, les molécules en corps physiques et chimiques, ceux-ci en notre globe terrestre, notre globe équilibré ainsi que les planètes autour du soleil, notre système solaire équilibré de même autour d'autres soleils et ainsi de suite à l'infini. Nous ne pouvons en effet ni ne devons limiter les actions et réactions réciproques des couples les uns sur les autres aux faits d'équilibre proprement dit, c'est-à-dire d'équilibre fixe ; mais nous sommes obligés de les étendre à tous les modes possibles dont ces corps peuvent s'influencer, depuis l'équilibre parfait jusqu'à l'équilibration la plus instable, la plus infiniment voisine de la non-interaction. De là des variations à l'infini dans les groupements, dans les équilibrations partielles qui résultent nécessairement de tous les modes de rencontre possibles, de tous les éléments de ces amas de matière cosmique que l'on décrit sous le nom de nébuleuse Nous pouvons nous imaginer ce qui se passe dans ces immensités cosmiques en considérant ce que nous voyons dans une masse d'eau tenant en suspension des poussières legères et soumises à une certaine agitation : les poussières se groupent par places. formant des sortes de centre de rotation, dessinant des formes géométriques variées, tout comme les grains de sable déposés sur une plaque métallique mise en vibration. C'est dire que nous attribuons à l'équilibration la formation des tourbillons qu'on a invoqués pour expliquer l'évolution de notre nébuleuse.

Du reste, les difficultés accumulées que présente l'hypothèse de la nébuleuse telles que l'ont formulée Kant (1) et Laplace (2) ont amené les savants à chercher une autre explication : la théorie de l'Agglomération météorique de Julius-Robert Mayer (3), fondée sur la périodicité de la chute de masses énormes des météores, suppose l'existence antérieure d'une proportion de ces masses météoriques plus grande qu'elle n'est maintenant, et a l'inconvénient de laisser inexpliquée l'origine de ces masses météoriques elles-mêmes.

Encore une fois, qu'il s'agisse de l'univers entier, de la nébuleuse, d'un astre, d'un corps physique, d'une molécule, d'un atome, nous ne pouvons concevoir l'existence d'aucun système matériel autrement que par l'équilibration, la solidarisation de ses parties composantes qui en forme un tout. Sans doute, « il n'y a pas de « système matériel qui soit, à un moment quel« conque, soumis à l'action exclusive de ses « forces internes (4), » puisque toute matérialité suppose une relation, mais il n'est pas moins indéniable que nous concevons parfaitement

(1) Kant, *Histoire naturelle du Ciel*, 1755.

(2) Laplace, *Exposition du système du Monde*, 1796.

(3) Julius Robert Mayer, *Beitraege zur Mechanik des Himmels*, 1848.

(4) Stallo, *La Matière et la Physique moderne*, p. 229.

l'équilibration de deux points mécaniques, comme permettant de concevoir l'existence du couple ainsi formé indépendamment de toute action extérieure. De même la notion de l'Equilibration de toutes les Parties de l'Univers dans son Unification totale nous permet de comprendre, en même temps, l'évolution de toutes ses parties constituantes par leurs actions et réactions réciproques. Il n'y a pas à nous objecter l'inconcevabilité de ce dernier point, car nous avons eu soin de ne l'indiquer que comme la limite de notre connaissance, et de notre conception de la matérialité ; nous resterons dans les conditions de notre connaissance expérimentale en ne donnant cette théorie que comme une dernière abstraction à laquelle nous puissions atteindre, et comme une simple et dernière silhouette des choses, au moment de leur effacement dans l'Au-delà, dans l'Infini.

---

# CHAPITRE VII

## SYNTHÈSE PHYSIQUE

Nous avons montré la Genèse physique résultant du fait de l'équilibration primordiale de deux Infinitésimes ; nous avons fait voir que cette équilibration élémentaire pouvait être considérée comme répondant à ce que les Physiciens appellent l'Atome. Nous avons fait remarquer que, pour nous, l'atome est bien la dernière réduction possible et concevable de la matière, puisqu'on ne peut le décomposer, le réduire, sans arriver à l'infinitésime, c'est-à-dire à l'Indifférenciable, à l'Inconcevable, à l'Au-delà, à l'Infini. Mais nos atomes ainsi envisagés, ne sont pas simples, uniformes, irréductibles, comme l'entendent les Physiciens, puisqu'ils sont, au contraire, composés d'au moins deux infinitésimes accouplés, en rotation l'un par rapport à l'autre autour de leur centre d'équilibration ou de gravitation. Cette différence entre notre conception des atomes et celle généralement admise nous paraît capitale : elle nous permet d'abord de concevoir ces atomes et de nous en faire une idée conforme à notre connaissance expérimentale, laquelle nous montre l'impossibilité de rien connaître ni de rien concevoir. dans le monde physique, comme absolument simple, ce qui met nos atomes à l'abri de l'objection d'inconcevabilité physique faite aux atomes ordinaires. Nous pouvons également concevoir ces atomes comme résistants, impénétrables, élastiques (1), étendus. en mouvements, indestructibles, c'est-à-dire doués des propriétés élémentaires, dites essentielles, de la matérialité.

Il résulte de là que la résistance. la solidité, l'impénétrabilité de la matière doivent être considérées comme des résultantes de l'équilibration, c'est-à-dire des modifications de mouvement, une transformation d'un mouvement empêché en une tension, une énergie de position : interprétation qui répond tout à fait bien aux faits et aux données de l'expérience, puisque la Science, née de l'observation et de l'expérimentation, ne nous montre partout et en tout que le mouvement et ses modifications comme source ou cause des phénomènes physiques. De cette façon, la solidité, la résistance des corps physiques s'explique mieux

(1) Le concept d'atome élastique, remarque avec justesse le professeur Witwer, est une contradiction pour les termes, parce que l'élasticité suppose des parties dont les distances peuvent être augmentées ou diminuées. (*Beitraege zur Molekularphysik.*)

par le fait de l'équilibre des infinitésimes que par la rigidité supposée ou l'inaltérabilité des atomes ordinaires des physiciens.

Non seulement nos atomes ne sont pas simples, mais ils peuvent être différents de masse et de propriétés, car il n'y a pas de raison pour ne pas admettre la possibilité d'équilibrations d'infinitésimes par trois, quatre, cinq et plus, et les arrangements de ces infinitésimes peuvent varier pour un même nombre, ce qui explique et entraîne l'isomérie même pour les atomes. C'est là un point très important pour la compréhension de la différenciation des propriétés des corps et pour la solution d'un certain nombre de questions encore fort obscures en Physique.

Nous avons vu que nous sommes obligés de supposer les atomes, c'est-à-dire les premiers centres cosmiques, comme libres dans l'Infini; nous ne pouvons leur concevoir d'autre dépendance, d'autre cause de groupement que leur équilibration ou solidarisation d'où résulte la formation des molécules. Nous savons que la formation des couples d'Infinitésimes sous le nom d'Atomes implique un état dynamique et une rotation des infinitésimes équilibrés : il en est de même pour les molécules, et les équilibrations de molécules entre elles pour former les corps physiques. Notre théorie de la genèse cosmique par l'équilibration, de l'individualisation physique par la solidarisation des composantes nous montre la constitution des corps comme une simple résultante de mouvements moléculaires et atomiques équilibrés. emboités les uns dans les autres, dans un état continuel de giration ou rotation moléculaire. à la façon d'autant de microcosmes plus ou moins analogues à notre système solaire. Les équilibrations moléculaires ne constituent plus. en effet. de simples équilibrations mathématiques de points mécaniques; elles offrent des différences de masse. de vitesse. de direction et de distance. d'où les différences de propriétés physiques. en poids. volume. etc. Ces équilibrations moléculaires peuvent se faire soit entre atomes semblables et égaux, nous pouvons les appeler Equilibrations moléculaires homogènes, soit entre atomes dissemblables par deux. trois ou quatre variétés d'atomes, ce que nous qualifierons par les mots d'équilibrations moléculaires binaires, ternaires ou quaternaires, afin de les différencier de celles où un atome d'une espèce s'équilibre avec deux, trois ou quatre atomes d'une autre espèce. ce qui s'appelle couramment biatomique, triatomique. tétratomique.

Ceci posé. voyons comment nous pouvons concevoir ces équilibrations d'Atomes sous forme de molécules.

Désignons nos différents atomes par les lettres A B C D E en indiquant le volume relatif des atomes par la grandeur relative des lettres.

Les atomes A peuvent se combiner entre eux par groupes de :

2 = A A en couple, qui peuvent présenter deux variétés, suivant leur direction de rotation droite ou gauche.

$3 = \begin{matrix} & A & \\ A & & A \end{matrix}$ en triangle isocèle avec rotation en cercle ou perpendiculaire aux côtés.

$4 = \begin{matrix} & A & \\ A & & A \\ & A & \end{matrix}$ en carré ou double pyramide triangulaire et avec 4 directions différentes.

$5 = \begin{matrix} & A & \\ A & A & A \\ & A & \end{matrix}$ en carré centré ou pyramide quadrangulaire, etc.

Ceci suffit pour indiquer la complexité de ces équilibrations moléculaires homogènes que nous pouvons considérer comme répondant aux variétés de corps simples.

Il en est de même, naturellement, pour les atomes B C D E.

Mais si nous considérons les groupements d'atomes dissemblables, nous voyons que B ne peut s'équilibrer qu'avec 2, 4, 6 atomes A ou C ou D ou E : cela nous donne A B A $\begin{matrix} & A & \\ A & B & A \\ & A & \end{matrix}$ ou

C B C $\begin{matrix} & C & \\ C & B & C \\ & C & \end{matrix}$. etc.

Enfin nous pouvons concevoir la série polyatomique :

$$\text{A B C B A} \qquad \begin{matrix} & & B & & \\ A & B & C & B & A \\ & & B & & \end{matrix} \qquad \begin{matrix} A & & A & & A \\ & B & B & B & \\ A & B & C & B & A \\ & B & B & B & \\ A & & A & & A \end{matrix}$$

Mais nous ne pouvons la concevoir que linéaire unique ou groupée suivant des axes avec centre commun.

Nous pouvons remarquer que nos équilibrations doivent être d'autant plus stables qu'elles sont plus simples. c'est absolument ce que nous constatons en chimie où la simplicité de composition est en rapport direct avec la stabilité et la cohésion.

Si notre hypothèse est vraie, nous devons retrouver dans la nature la réalisation de notre loi d'équilibration moléculaire. Or. c'est précisément ce qui résulte de la théorie atomique des chimistes et des curieuses études de cristallogénie de M. A. Gaudin (1). N'est-ce pas un fait très curieux de voir cet auteur. parti de recherches sur la cristallisation, arriver précisément aux mêmes conclusions? N'est-il pas tout à fait remarquable de voir que ce principe de l'équilibration des molécules lui a permis de rectifier la composition de certains corps. par rapport à leur arrangement moléculaire. comme l'idocrase. au point, dit-il. qu'il serait tout à fait impossible de trouver une autre solution.

Mais ce n'est point assez de suivre la formation des molécules aux dépens des atomes, il nous faut maintenant pénétrer les actions et réactions des molécules entre elles, il nous faut assister au développement, à l'organisation physique de ces

(1) *L'Architecture du Monde des Atomes*, par Marc-Antoine Gaudin, Paris, 1873.

petits centres cosmiques. Nous avons déjà vu, à propos de la théorie de la nébuleuse, la façon dont nous proposons d'interpréter l'organisation cosmique proprement dite : il est manifeste que l'organisation physique n'en est qu'une dépendance, mais il nous faut maintenant nous familiariser avec l'idée du jeu infiniment complexe de toutes les influences ou forces qui entrent en cause dans le plus petit phénomène physique. Nous savons par l'expérience que toute modification de mouvement a pour conséquence un phénomène de chaleur, lumière, électricité ou magnétisme. Nous n'avons qu'à rapprocher de l'attraction magnétique notre fait primordial d'équilibration des infinitésimes pour comprendre que nous pouvons en effet invoquer le secours de toutes les forces physiques pour expliquer les phénomènes de plus en plus compliqués qui constituent le domaine de la Physique moléculaire, si obscure encore aujourd'hui dans le mécanisme du travail moléculaire, si merveilleusement puissante dans ses résultats.

Dès que nous considérons un certain nombre de molécules en actions et réactions les unes sur les autres, c'est-à dire constituant un Système cosmique, nous devons remarquer que l'ensemble est équilibré dans sa totalité, sans quoi il ne pourrait pas exister individuellement. Nous employons cette expression de Système cosmique ou d'Equilibration cosmique parce qu'elle a l'avantage, en nous rappelant l'analogie avec notre système solaire, de nous montrer comment l'équilibration réciproque. ou mieux la Solidarisation des Composantes, permet la formation, l'existence d'un Tout composé de Parties en mouvement. à la condition que ces parties ne dépassent pas dans leurs oscillations une certaine moyenne qui constitue précisément la limite de leur équilibre, de leur dépendance réciproque : au delà de cette limite l'équilibre est rompu, la mutuelle dépendance cesse, l'ensemble se dissocie. C'est ce qui nous fait dire que la solidarisation est la condition nécessaire de la formation comme de l'existence de tout centre particulier d'équilibration, de tout système cosmique, de toute individualisation physique. Nous savons, par exemple, qu'un corps en équilibre stable, peut subir des déplacements. des oscillations autour de son centre de gravité, jusqu'à une certaine limite, sans cesser de subir l'influence de ce centre de gravité qui le ramène à son état d'équilibre ; mais, dès que cette limite est dépassée par les oscillations imprimées à ce corps, l'équilibre disparait et le corps ne peut plus reprendre sa position première par la seule action de son centre de gravité. Si, au lieu d'un corps isolé en état d'équilibre stable, nous considérons une réunion de plusieurs pierres assemblées également en équilibre stable. nous pourrons encore faire subir certaines oscillations d'ensemble à la masse totale, nous pourrons même faire subir divers déplacements à chacune des parties composantes, mais. au delà d'une certaine limite de déplacement, la masse se divisera, son unité cessera. Si maintenant nous supposons nos pierres taillées de certaine façon à s'emboiter les unes dans les autres, nous augmenterons la solidité de notre construction : si enfin nous unissons nos pierres avec un ciment, nous aurons un bloc composé de pierres différentes offrant presque la même résistance que s'il était composé d'une seule pierre. Au lieu de pierres, nous pourrions prendre des morceaux de fer et les souder ensemble pour obtenir encore une union plus intime : toujours le Composé que nous obtenons offre une résistance, une Solidité en rapport avec le degré d'union, d'équilibration, de Solidarisation de ses Composants.

Si nous remarquons la multiplicité des moyens artificiels que nous possédons déjà pour assembler, unir, consolider les corps les plus dissemblables, si nous tenons compte que la pression atmosphérique suffit pour maintenir des corps en solide contact dans certaines conditions de surface, si nous nous rappelons l'action attractive de l'aimant, si nous considérons les phénomènes de la combinaison chimique, si, en un mot, nous réfléchissons à tout ce que nous voyons à chaque instant, nous pouvons facilement arriver à nous imaginer combien complexes et infiniment multiples doivent être les actions et réactions des molécules les unes sur les autres avec toutes les modifications de mouvement, de direction, de vitesse, de chaleur, d'électricité, de magnétisme, etc., qui constituent tous les principaux phénomènes du monde physique. Nous savons aujourd'hui que tous les phénomènes physiques se résolvent en questions de transformations de mouvement, de même que nous admettons que les lois mécaniques du mouvement semblent tout gouverner dans l'univers : il en résulte que la première transformation de mouvement que constitue la première équilibration de deux infinitésimes, peut aussi être considérée comme l'origine, l'embryon de tous les phénomènes physiques que nous appelons chaleur, lumière, magnétisme, électricité. Nous savons, en effet, que toute suppression de mouvement produit de la chaleur, et même de la lumière, si le nombre d'ondulations est suffisant pour donner au phénomène la perceptibilité comme lumière ; nous savons de même que toute action physique ou chimique s'accompagne d'un dégagement d'électricité, et que le fait de l'attraction de deux molécules de matière, ici de deux infinitésimes, ressemble tout à fait au phénomène le plus élémentaire de l'attraction magnétique.

La Physique moléculaire surtout, nous semble tirer lumière et profit de notre façon d'envisager la genèse et la constitution des corps physiques. Sans notre force d'équilibration, les physiciens sont, en effet, obligés de recourir à autant de forces qu'ils comptent de variétés de phénomènes, et ils ont beau invoquer aujourd'hui la transformation de mouvement comme unique cause, on ne saisit pas bien la valeur suffisante de cette transformation de mouvement comme cause de ces phénomènes. Qu'est-ce, en effet, que cette transformation de mouvement pour expliquer la solidité, la cohésion, l'élasticité, la capillarité, la dissolution, la diffusion, la suffusion, la cristallisation, l'allotropie ? Aussi les savants font-ils intervenir les forces moléculaires, « qui sont nécessaires pour expliquer certains phénomènes qui modifient telle ou telle loi physique. »

Nous n'avons point la prétention, bien entendu, de résoudre toutes ces difficultés : mais nous avons la conviction que c'est par l'étude attentive des équilibrations moléculaires, aussi bien dans les solides que dans les liquides et dans les gaz, que l'on arrivera à pénétrer le secret de ces phénomènes, surtout si on veut bien comprendre que l'équilibration est la résultante de toutes les forces qui peuvent agir sur un système, par conséquent aussi bien la force magnétique et électrique, que la force de la pesanteur, à laquelle on s'obstine à vouloir tout ramener exclusivement, comme si la pesanteur n'était pas elle-même une simple résultante.

De tous les phénomènes moléculaires, aucun ne nous semble mieux montrer le rôle de l'équilibration que l'élasticité. Un corps élastique, en effet, est un corps dont les molécules sont à l'état d'équilibre stable, c'est-à-dire que ces molécules reprennent leur position première dès que cesse d'agir la cause perturbatrice. Bien que ce rapprochement puisse tout d'abord paraître un peu forcé, il suffit d'un peu de réflexion pour en saisir toute la justesse ; nous savons que l'élasticité d'un corps a des limites au delà desquelles le corps ne revient plus sur lui-même, absolument comme dans l'équilibre stable; la seule différence consiste en ce que nous avons l'habitude de n'envisager l'équilibre stable que par rapport à la pesanteur dans les corps physiques, tandis qu'ici il nous faut arriver à l'envisager par rapport aux molécules entre elles ; c'est ce que nous entrevoyons mieux dans les corps mous, visqueux, qui détaillent pour ainsi dire le phénomène de l'élasticité.

Nous avons suffisamment insisté sur le phénomène de la Solidité pour que nous n'ayons pas à revenir sur le rôle de l'équilibration moléculaire dans les états solides, liquides ou gazeux des corps, pas plus que sur la Cohésion. On ne peut, en effet, invoquer la seule Attraction sans se heurter à la difficulté d'expliquer comment l'attraction, qui doit nécessairement être supposée universelle, s'exerce différemment sur des molécules semblables : il est vrai qu'on fait intervenir la question de masse et de distance, mais alors on retombe ainsi précisément dans l'équilibration. C'est le cas de rappeler que Newton avait eu soin de proclamer l'impossibilité de comprendre et d'admettre l'attraction comme une cause réelle et qu'il recommandait de se contenter de dire que « les phénomènes se passent comme si les molécules matérielles s'attiraient réellement. » Si on met la théorie de l'attraction en présence de la doctrine atomo-mécanique moderne, il est impossible de comprendre la formation et l'existence de quelque chose dans le monde physique ; il suffit, en effet, de supposer l'univers entier réduit à l'état d'atomes pour comprendre l'impossibilité de concevoir la genèse cosmique par le fait seul de l'Attraction réciproque des atomes, puisque tous ces atomes devraient s'attirer également et former une masse homogène.

Si nous considérons maintenant le phénomène de la diffusion, il nous paraîtra encore bien plus facile de nous l'expliquer par le jeu réciproque des molécules sous l'influence de leur tendance à des interéquilibrations que par l'influence de l'attraction, qui y devient incompréhensible, ou de la pesanteur, qui s'y trouve détruite.

L'état globulaire, contraire à la pesanteur, paraît assez bien s'expliquer par l'attraction, mais en réalité nécessite encore, dans ce cas, la supposition d'une attraction élective en raison de la petitesse du volume et reste contradictoire quand même, puisque la pesanteur n'est qu'une forme de l'attraction et qu'il faut dès lors admettre que l'attraction agit dans un sens quand le volume de matière est petit, et dans un sens tout opposé quand ce volume est gros. Avec notre théorie de l'individualisation physique par la solidarisation des parties dans un Tout, ce phénomène s'explique, au contraire, très facilement, puisqu'il résulte simplement du mode de groupement, de la solidarisation des actions et réactions moléculaires à la façon dont se forment les centres cosmiques.

Nous avons déjà vu que la cristallisation ne peut se comprendre en dehors des conditions signalées des équilibrations moléculaires en forme de solides géométriques. Il est inutile d'insister pour montrer l'impossibilité de comprendre ces faits avec l'attraction telle qu'on l'entend d'habitude.

L'allotropie ne peut s'expliquer que par des modifications dans l'arrangement des mêmes atomes d'une molécule comme nous l'avons déjà signalé.

C'est le cas de rappeler ce que disait Sainte-Claire Deville dans une leçon sur la dissociation : « Tous les travaux, toutes les tendances de la science moderne conduisent à l'identification des Forces qui interviennent dans les phénomènes physiques et chimiques de la matière. Toutes les déterminations numériques conduisent à établir leur équivalence d'une manière rigoureuse. L'affinité et la cohésion ne peuvent échapper à cette identification, et déjà la théorie mécanique les englobe dans un cercle de raisonnements qui doivent faire disparaître bientôt ce qu'elles présentent encore de vague et de mystérieux. »

Nous pouvons donc conclure que chaque molécule constitue un microcosme, absolument comme nous l'avons vu pour notre Atome par le couple primordial de deux infinitésimes, et comme nous le verrons pour les Organites. La constitution de la matière n'est donc qu'une résultante mécanique, soit qu'on l'envisage dans ses éléments les plus réduits possibles, soit qu'on l'envisage dans son immensité dans le Monde céleste : les différences de temps, de vitesse, de distance, ne sont que relatives ; un soleil peut mettre mille ans à tourner autour d'un autre soleil et à une distance infinie, tandis que les atomes dans nos équilibrations qui constituent leurs combinaisons, tournent des centaines de millions de fois les uns autour des autres, dans la millionième partie d'une seconde, mais c'est toujours, dans l'un et l'autre cas, par suite de la même force d'équilibration qui n'est que la résultante de la transformation du mouvement infini de translation des Infinitésimes. Il résulte de là cet autre fait encore bien en rapport avec l'Expérience, c'est que l'individualisation physique, alors même qu'elle est nettement tracée à nos yeux par une forme déterminée et nous semble parfaitement limitée par une véritable ligne ou mieux une surface de continuité, ne représente au fond qu'une forme *idéale* en joignant les atomes ou les molécules par des lignes, puisque les atomes comme les molécules ne sont jamais en réelle continuité et gravitent perpétuellement les uns autour des autres : en un mot, un corps physique, quel qu'il soit, n'est limité que par la ligne idéale représentée par l'orbite de gravitation de ses molécules périphériques, absolument comme notre système solaire n'a d'autre limitation dans l'espace que l'orbite de ses planètes. Cette interprétation mécanique de la constitution cosmique de tout ce qui existe est de la plus haute importance, si on veut pouvoir comprendre l'existence de quelque chose dans l'Univers, ou dans ce qu'on appelle le vide, ce qui traduit plus énergiquement, quoique plus illégitimement, notre sentiment à ce sujet.

Si nous remarquons que nos équilibrations nous offrent nécessairement des degrés très variables de stabilité, nous voyons de suite que l'interaction incessante des molécules entre elles doit entrainer des remaniements continuels d'agencements ou groupements atomiques et moléculaires toujours provoqués par la tendance à s'équilibrer ce que nous verrons en chimie, sous la forme de décomposition des sels et de combinaison suivant la loi dite des affinités, équilibrations et rééquilibrations qui constituent précisément ce que nous appelons l'Évolution universelle. Il est facile de comprendre d'après cela pourquoi l'Évolution, c'est-à-dire le changement, est d'autant plus sensible, plus rapide que les équilibrations sont moins stables et par conséquent plus sujettes à se modifier sous l'influence des causes diverses qui peuvent agir comme perturbatrices de l'équilibre. Voilà pourquoi dans le Monde physique, le Règne minéral nous offre une évolution si lente en comparaison de celle qui caractérise le Règne organique. Notre loi d'équilibration a encore pour conséquence la tendance à la stabilité de plus en plus grande au fur et à mesure des équilibrations et rééquilibrations; c'est ce que nous pouvons constater dans le Règne minéral où nous voyons les équilibrations simples donner naissance aux corps simples, aux métaux, puis aux minéraux qui constituent le noyau terrestre, tandis que les matières organiques et la vie, qui en et une résultante, continuent à évoluer à la surface, dans un milieu essentiellement propice, l'atmosphère qui, avec la vapeur d'eau, présente en effet les éléments des principales combinaisons organiques. Il importe de remarquer que la nécessité d'admettre une inégalité dans la stabilité des équilibrations moléculaires entraine la possibilité de déséquilibrations des moins stables par les plus stables, et que ces transformations ne peuvent se faire que par désagrégation ou substitution : c'est précisément ce que nous remarquons dans le premier travail de désorganisation (nous devrions dire de déséquilibration) des matières minérales que nous voyons ainsi se transformer peu à peu en matières organiques par une suite naturelle de désagrégations moléculaires et de substitutions atomiques dans les molécules. Ceci pourrait être considéré comme un véritable phénomène de Régression physique puisque la matière organique nous offre des caractères moins nets de ce que nous avons l'habitude d'appeler la Matérialité, et que cette matière organique, en passant dans les êtres vivants, donnera naissance aux produits du système nerveux dits psychiques qui sont encore si souvent considérés comme dépendant d'une substance essentiellement différente, et nous offre ainsi un cycle complet, en se perdant des deux côtés pour notre cognoscibilité, dans l'intangible, l'imperceptible, l'inconcevable, le non-matériel, le non-fini, l'Au-delà, l'Infini.

---

# CHAPITRE VIII

## SYNTHÈSE CHIMIQUE

---

Autant la théorie Atomo-mécanique a eu du succès auprès des physiciens modernes, autant la doctrine de l'atomicité s'est emparée de la faveur de la plupart des chimistes. Mais il faut reconnaître que bon nombre ont déjà constaté qu'elle n'a pas donné et ne peut donner tout ce qu'elle semblait promettre. « Je ne puis m'empêcher de dire qu'à mes yeux, la doctrine atomique s'est montrée incapable de rendre compte du système fort compliqué de faits chimiques mis en lumière par les travaux des chimistes modernes. Je ne pense pas que la théorie atomique ait réussi à construire une représentation adéquate ou même utile des faits » (1).

La théorie atomique ne saurait expliquer le

(1) Sir Benjamin C. Brodie. *On the Mode of Representation offored by the Chemical calculus as contrasted with the Atomic Theory, Chemical News*, août 1867, p. 72, *in* Stallo, 75.

changement radical de propriétés chimiques qui est le résultat de toute action chimique, puisqu'elle ne représente les compositions et décompositions chimiques que comme des agrégations et désagrégations de masses dont l'intégrité demeure inaltérable, et que « l'hypothèse des atomes ne peut expliquer aucune propriété d'un corps sans l'attribuer préalablement aux atomes eux-mêmes. » (Sir W. Thomson, cité par Stallo.)

L'atomicité ne pouvait rendre compte de tous les faits de chimie organique parce que, prenant l'hydrogène pour base de la mesure de la saturation atomique, elle laisse ses partisans dans l'embarras dès qu'ils se trouvent en présence d'une combinaison organique contenant de l'oxygène : « Ils ont des résidus et des restes comme s'ils tranchaient les molécules au couteau », suivant l'énergique expression de M. A. Gaudin.

L'idée de la saturation atomique n'était qu'une ébauche de la vraie cause de l'atomicité, l'équilibration, et cette interprétation erronée a eu pour conséquence d'attacher au choix d'un atome en particulier le rôle efficient qu'il fallait demander à une vraie généralisation du mécanisme de la combinaison chimique. Il fallait chercher le principe qui rapprochait les combinaisons organiques des combinaisons inorganiques et comparer celles-ci aux simples transformations de masses et de formes d'ordre purement physique, pour arriver à trouver la véritable loi qui régit l'atomicité, c'est-à-dire l'agencement des atomes, aussi bien dans la Chimie organique que dans la

Chimie inorganique, aussi bien dans la simple molécule physique que dans l'Univers entier, et cette loi ne peut être que la loi de l'équilibration telle que nous l'avons exposée et vue vérifiée en Astronomie comme en Physique.

Il ne faut point se laisser égarer par la signification attachée à l'atomicité dans la saturation des atomes : ici, en effet, saturation ne peut avoir d'autre signification qu'équilibration, sans quoi il faudrait alors supposer que les atomes sont creux et qu'ils ont « horreur du vide », c'est à peu près comme si on disait que notre soleil peut se saturer avec six ou sept planètes : toutefois il ne suffit pas de substituer le mot équilibration au mot saturation pour lever toutes les difficultés d'interprétation. Ce que nous voulons dire, c'est qu'il faut chercher la solution de l'atomicité, non dans le principe uniforme de la saturation, mais dans le principe de l'équilibration, qui est, en même temps plus général, plus extensif, et se prête à un plus grand nombre de combinaisons et d'interprétations. Nous avons vu déjà le nombre considérable de séries possibles d'équilibrations d'atomes à atomes, et d'atomes à molécules. La possibilité de toutes ces séries doit nous offrir une très grande probabilité sinon la certitude de contenir toutes les réalisations de combinaisons que nous pouvons rencontrer dans la nature. En tout cas, sans préjuger de l'avenir, il nous est facile de montrer que toutes les séries connues jusqu'ici peuvent rentrer dans des combinaisons équilibrales. Les atomes, tels que les interprète la chimie moderne, ne se comprennent plus dès qu'on veut les soumettre à l'analyse de la pensée.

Tout d'abord, les atomes chimiques sont très différents des atomes des physiciens : les atomes chimiques sont les éléments, irréductibles (jusqu'ici), des corps dits simples ; la multiplicité des corps simples implique la multiplicité des atomes et la différenciation de leurs propriétés : ce sont plutôt des molécules que des atomes au sens physique.

Nous sommes donc obligés, au point de vue philosophique, de ne pas considérer les atomes chimiques comme les éléments irréductibles des corps, et il nous faut dès lors les réduire par la pensée, soit en atomes physiques, soit en infinitésimes. Nous avons déjà montré que la réduction en infinitésimes et la formation des atomes ne devaient et ne pouvaient se concevoir que par l'équilibration.

Si nous considérons maintenant nos atomes, ainsi constitués par l'équilibration des Infinitésimes, nous avons une explication rationnelle et scientifique de leur irréductibilité physique et chimique, et, en même temps, de la différenciation de leurs propriétés élémentaires, qui n'est que le résultat de la différence dans le nombre ou l'agencement des Infinitésimes équilibrés en atomes ou de ces atomes équilibrés en molécules : notre interprétation a ainsi l'avantage de nous montrer une véritable graduation dans la complexité croissante des prétendus corps simples et de répondre ainsi aux différences de cette nature déjà nettement pressenties par bon nombre de savants, et permet d'entrevoir une solution possible de diverses objections contre la théorie atomique actuelle, restées jusqu'ici sans réponse satisfaisante.

Pour comprendre les faits de la Chimie, il est de la plus haute importance de bien remarquer que le phénomène chimique consiste en une interaction atomique d'où résulte une modification du groupement réciproque des atomes dans l'équilibration moléculaire constitutive, c'est-à-dire un changement de propriétés, tandis qu'en Physique, les actions et interactions atomiques ou moléculaires sont seulement externes ou cosmiques et n'entraînent pas de changement ni dans l'équilibration atomique ni dans les propriétés.

Si, maintenant, nous cherchons la cause des changements de propriété qui constituent spécialement le domaine de la chimie, nous serons encore obligés de reconnaître que la loi d'équilibration est la plus rationnelle comme la plus en rapport avec les données de l'expérience.

Les chimistes nous disent que toute la chimie est gouvernée par la loi de l'atomicité ou par l'affinité chimique. Mais qu'est-ce que l'atomicité et qu'est-ce que l'affinité chimique ?

Par atomicité, on entend la propriété qu'ont les atomes de se saturer, c'est-à-dire de remplir, de satisfaire leur affinité, par leur union avec un nombre d'atomes variable pour chacun, d'où la classification en atomes mono, bi, tri, tétra, et pentatomiques. Envisagée au point de vue du fait, l'atomicité peut être considérée comme réelle en ce sens que la chimie a établi suffisamment la composition polyatomique de presque toutes les molécules des combinaisons connues ; nous pouvons même ajouter que l'atomicité a rendu de très grands services en chimie organique, en donnant l'explication de phénomènes fort complexes, et a été le point de départ de tentatives de synthèses dont bon nombre ont déjà été couronnées de succès. Mais, la difficulté de faire concorder cette théorie avec certains faits doit nous faire soupçonner qu'elle n'est pas la véritable interprétation. Cette remarque toute expérimentale est en rapport avec l'insuffisance de l'atomicité et de l'affinité pour expliquer le phénomène chimique en lui-même. Outre que la saturabilité atomique nous entraîne à nous donner une représentation grossière des atomes qui nous apparaissent comme offrant un vide à combler, nous ne pouvons comprendre cette singulière propriété qu'en la supposant une modification particulière, individuelle, pour chaque atome, de l'affinité qui n'est, elle-même, qu'une modification de l'Attraction universelle : or, nous ne pouvons nous expliquer ces modifications de l'affinité en atomicité, ni de l'attraction en affinité, pas plus que nous ne pouvons comprendre l'attraction envisagée « en elle-même ».

Si nous prenons l'atomicité comme un fait au lieu de l'envisager comme une cause, et si nous cherchons à rattacher ce fait à la loi universelle d'Equilibration, nous trouverons facilement la solution de toutes les difficultés que soulève la théorie de la saturabilité atomique.

La complexité de plus en plus grande des équilibrations atomiques, que nous avons vues se former pour constituer les molécules, entraîne nécessairement des équilibrations de moins en moins stables, et, par conséquent, de plus en plus susceptibles d'être modifiées par le jeu des actions et réactions des molécules entre elles, et des atomes sur les molécules : il ne faut pas perdre de vue que chaque molécule est un microcosme dont l'équilibre autonome doit nécessairement être modifié par l'invasion d'un élément étranger, absolument comme nous comprenons fort bien que notre système solaire pourrait être bouleversé par l'arrivée d'un soleil venant de l'infini, et comme nous l'admettons pour des corps célestes inconnus dont les débris arrivent jusqu'à nous sous forme de bolides ou d'aérolithes. Nous savons, en effet, que les molécules sont composées d'atomes séparés les uns des autres par des distances au moins égales au volume de ces atomes : nous savons que ces atomes sont en état de gravitation les uns autour des autres dans chaque molécule individualisée par l'équilibre réciproque de ses atomes, comme la terre et la lune qui gravitent en couple autour du soleil. Nous comprenons, dès lors, que les interactions des autres molécules ou atomes peuvent non seulement réagir à la périphérie des molécules, mais peuvent pénétrer ces molécules et troubler leur équilibre, soit par un bouleversement complet, soit par un bouleversement partiel, c'est-à-dire par une décomposition ou une combinaison suivant les rapports ou proportions de masse et d'énergie des éléments en lutte. Nous savons par expérience et nous comprenons que des éléments cosmiques, que ce soient des atomes, des molécules, des corps physiques ou des corps célestes, ne peuvent rester indépendants d'influences réciproques et communes à tout ce qui les entoure ou constitue leur Milieu ; nous savons que ces actions ou réactions physiques, mécaniques ou cosmiques, appelées de noms différents suivant les cas : Attraction — Pesanteur — Gravitation, etc., ne peuvent se concevoir autrement que comme ayant une tendance continuelle à se contrebalancer, à se régulariser, à s'égaliser, c'est-à-dire à s'équilibrer : sans cela, notre Monde physique, notre existence serait incompréhensible. Ainsi, tandis qu'avec la saturation des atomes, d'après la théorie de l'atomicité, nous aboutissons à l'inexplicable, à l'incompréhensible, nous voyons, avec la théorie de l'équilibration, *l'impossibilité de concevoir les choses autrement et la nécessité de la production des choses telles qu'elles sont*.

Nous avons vu, et il est facile de comprendre, que toutes les combinaisons possibles d'atomes en molécules, ou de molécules et d'atomes, ne doivent pas offrir le même degré de stabilité, et que l'instabilité doit croître avec la complexité des arrangements moléculaires : c'est encore ce que nous montre l'expérience depuis la stabilité des corps simples qui résiste à tous nos réactifs, jusqu'à l'instabilité excessive des composés organiques, au point que nous verrons, dans l'étude de la vie, l'impossibilité où est encore la chimie de reconnaître la composition fixe d'un grand nombre de produits.

On a encore invoqué, en faveur de l'atomicité, la loi des proportions rigoureusement définies des composés multiples qui entrent dans une combinaison : mais il est facile de montrer que cette loi est une conséquence nécessaire de la théorie de l'Equilibration ; il suffit en effet de remarquer, comme nous l'avons déjà montré, qu'un atome ne peut s'équilibrer qu'avec 2, 4, 6, 8 atomes pour donner des composés de 3, 5, 7, 9 atomes ou molécules, ou des multiples de ces séries.

L'atomicité et l'affinité ne peuvent expliquer la formation des corps que par la simple juxtaposition d'atomes de même espèce pour les corps simples, ou d'atomes de nature différente pour les corps composés. La théorie de l'Equilibration donne au contraire une explication efficiente de ces individualisations physico-chimiques.

Si la théorie est vraie, elle doit avoir pour conséquence la formation de corps à équilibrations moléculaires stables, et nous devons trouver, dans la nature, des corps, devenus relativement immuables par suite de la stabilité de leurs équilibrations moléculaires : c'est en effet ce que nous voyons dans le Monde physique où la loi semble être que l'évolution cosmique aboutit à la solidification ou cristallisation, de même que nous verrons que, dans le monde organique ou vivant, la même loi d'évolution, régie par l'équilibration, aboutit à l'immobilisation relative, à la solidification ou cristallisation des éléments ou produits anatomiques qui constitue la mort. C'est encore ce que nous retrouverons dans ce que nous appellerons l'organisation de l'instinct, de la conscience, dans la cristallisation de la Pensée qui amène l'inertie intellectuelle de l'habitude, comme dans les phases stationnaires de certaines civilisations. Mais ce n'est pas seulement là une confirmation de notre théorie par des apparences, car nous trouvons dans la cristallisation, ou mieux dans la cristallogénie, la démonstration mathématique de la loi d'Equilibration.

Tant que les savants se sont contentés d'étudier la forme des cristaux, ils n'ont fait que décrire et établir des variétés sans pouvoir en saisir le véritable trait d'union, la loi commune. Mais nous ne pouvons nous contenter de constater un phénomène, nous éprouvons toujours le besoin d'en chercher la cause et de nous en donner une explication. Aussi les savants se sont-ils appliqués à trouver la loi qui préside à la formation des cristaux et cette étude est devenue la Cristallogénie. Tant qu'on s'est contenté de supposer la simple juxtaposition des molécules, on a été condamné à chercher la cause de la forme des cristaux dans la forme de leurs composants, ce qui entraînait cette conséquence singulière que les dernières molécules des corps cristallins devaient nécessairement avoir une forme cristalline, et rendait incompréhensibles la plupart des faits chimiques. Au contraire, dès que l'on remarque que la cristallisation n'est qu'un aboutissant de la combinaison chimique et que cette cristallisation doit se faire d'après une loi uniforme pour que les molécules se placent toujours de la même façon, il devient facile de trouver que la seule cause possible de cet arrangement symétrique est l'équilibration, c'est-à-dire la loi mécanique de l'équilibre, d'autant plus que les cristaux représentent tous des solides géométriques, dont les molécules sont précisément disposées telles qu'elles devraient l'être si on voulait les équilibrer entre elles. Une fois ce principe découvert, il n'y avait plus qu'à chercher, parmi les combinaisons possibles, celles qui répondaient le mieux aux faits et pouvaient donner l'explication de la genèse de certaines formes de cristaux si longtemps inutilement cherchées, telles que le système cubique, le système rhomboédrique, le système du prisme rhomboïdal et surtout celui du prisme rhomboïdal oblique. C'est ce qu'a fait, avec une patience et un succès remarquables, M. A. Gaudin, dans un ouvrage fort intéressant qui demande à être lu et approfondi (*l'Architecture du monde des Atomes*, Paris, 1873).

Sans nous appesantir sur ce point, nous ne pouvons nous empêcher de faire remarquer l'importance et le succès de la première application de la doctrine de l'Equilibration aux recherches scientifiques. Il suffit en effet de parcourir le livre de Gaudin pour y trouver des explications, sinon des solutions, très importantes, qui ouvrent des horizons nouveaux à la spéculation scientifique. Son *Origine des types cristallins*, chap. x, est vraiment très intéressante à étudier et constitue une véritable démonstration mathématique; il prouve, de même, la rectification de la composition des molécules intégrantes des corps, en vertu des lois qui régissent le groupement des atomes dans les molécules, c'est-à-dire en vertu des lois de l'équilibre. C'est ainsi que pour l'idocrase, l'application de cette loi de l'équilibration mécanique des molécules intégrantes conduit à une solution qui répond avec tant de simplicité et tant d'élégance aux données du problème qu'il serait « *tout à fait impossible d'en trouver une autre.* »

D'après la théorie courante, les formules organiques n'auraient aucune forme déterminée: « On nous représente les molécules des corps comme des constructions en quelque sorte *creuses*, consistant presque totalement en *une surface dénuée de régularité, sur laquelle s'échangent les atomes*, les atomes *substitués* occupant exactement la place des atomes qu'ils ont *remplacés*: selon moi, au contraire, les molécules sont équilibrées rigoureusement dans toutes leurs régions, et, par conséquent, chaque fois que la substitution n'a pas lieu, pour des atomes situés dans l'axe principal, cette substitution (qui se fait presque toujours par paire d'atomes), pour les atomes situés en dehors de l'axe, *nécessite un remaniement général de la molécule, qui change sa forme.* Tout est là : ce ne sera donc que par une étude attentive des formes cristallines des corps organiques subissant les substitutions qu'on pourra trancher cette question.

« De ce que j'ai représenté ces atomes par des cercles, il ne faut voir en cela que la figuration la plus simple de leur partie matérielle, très distincte du vide sidéral qui les isole les uns des autres, et ne pas conclure que chacun d'eux soit une *sphère matérielle continue.* Je suis porté à croire, comme la majeure partie des savants d'aujourd'hui, que ces atomes eux-mêmes ne sont qu'une agglomération sphéroïdale de particules bien plus ténues encore, et cette fois distinctes, qui sont les *particules mêmes de l'éther ;* et par suite les atomes eux-mêmes subissent des mouvements de *translation* et surtout de *rotation d'une rapidité inouïe*, d'où découlent les propriétés particulières de chacun. On peut dire en quelque sorte qu'ils sont à la source de la gravitation ou pesanteur, car l'effet de cette force sur la matière n'est que l'intégrale des impulsions subies par les atomes chimiques.

« L'essentiel de ma théorie repose sur la *position relative des centres des atomes*, de manière à constituer un *équilibre*, qui ne peut être imaginé plus parfait qu'en plaçant un atome d'une espèce juste au milieu de la ligne qui joint deux atomes d'une autre espèce. En y réfléchissant bien, on reconnaîtra que, sans cela, aucun ordre ne pourrait s'établir dans la formation d'une molécule.

Jamais elle ne pourrait acquérir un centre ni des axes d'équilibre.

« C'est avec ce principe unique que je forme des files d'atomes alignés et équilibrés entre eux par trois, par cinq et par sept. Avec ces files d'atomes placées et équilibrées parallèlement entre elles, j'engendre toutes les molécules indiquées par les formules, dans lesquelles on découvre invariablement *des réseaux atomiques perpendiculaires à l'axe*, placés et équilibrés aussi parallèlement entre eux.

« Dans la formation des cristaux, les mêmes causes produisent les mêmes effets. Les molécules, pour cristalliser, se placent toujours *parallèlement* entre elles *et symétriquement*, formant également des *réseaux moléculaires* perpendiculaires à l'axe; mais, dans la formation de ces réseaux, qui sont *indéfinis*, mais non *limités*, comme les *réseaux atomiques*, il se présente deux cas : dans l'un qui est observé dans les prismes droits carrés ou en hexagone régulier et dans le rhomboèdre, les molécules sont à une distance *constante* dans les réseaux perpendiculaires à l'axe et parfaitement équilibrés ; tandis que dans les prismes rhomboïdaux droits, obliques et doublement obliques, les molécules observent deux distances inégales, qui sont rigoureusement entre elles comme la petite diagonale du rhombe primitif est à sa grande diagonale, de sorte qu'on peut dire avec certitude qu'un plan, passant par la petite diagonale d'un prisme rhomboïdal droit ou oblique, rencontrerait *autant d'atomes et de molécules* qu'un autre plan passant par la grande diagonale et l'axe du prisme primitif droit ou oblique. C'est cette inégalité de distance entre les atomes et entre les molécules qui produit les phénomènes de double réfraction des cristaux de système non symétrique.

« Dans les systèmes symétriques il se produit encore deux effets, parce que la distance des molécules formant les réseaux perpendiculaires à l'axe n'est pas la même qu'entre les molécules de deux réseaux différents ; tandis que dans l'octaèdre régulier, les molécules étant entre elles à une distance constante dans trois plans rectangulaires, il s'ensuit une homogénéité parfaite. qui ne peut imprimer à la lumière une déviation autre que celle imposée par la densité.

« Dans la formation des cristaux, on a vu aussi, par plusieurs exemples, que l'alignement entre elles des files d'atomes de molécules différentes est aussi en jeu très souvent ; tant il est vrai que toutes les molécules ne sont que des assemblages de files d'atomes équilibrés dont l'ensemble ne représente que des formes *idéales*, quand on joint les atomes extérieurs par des lignes ; et les cristaux eux-mêmes sont dans le même cas, comme on peut s'en convaincre par l'inspection des figures ; mais ces molécules sont si petites que la discontinuité réelle n'en est pas une pour nos organes.

« En un mot, la *Morphogénie atomique* et la *Cristallogénie moléculaire* ne sont au fond *que des résultantes de mécanique céleste* avec cette différence que, pour les atomes, une seconde est un siècle, tandis que pour les astres, un siècle est une seconde. Cependant, dans les deux cas, les mouvements si différents par l'étendue de leurs périodes sont également *fonction du temps*. Si la révolution d'un soleil autour d'un autre soleil dure mille ans, tandis que les atomes, en voie de combinaison, en exécutent des centaines de millions dans la millionième partie d'une seconde, c'est toujours, dans l'un et l'autre cas, par suite de la même impulsion, qui est imprimée aux atomes chimiques par les particules vibrantes de l'éther infini.

« Si tout cela n'était pas vrai, les molécules chimiques engendrées dans la confusion ne seraient que des boules sans aucune symétrie, incapables de cristalliser autrement que dans le système régulier et de produire aucun phénomène de double réfraction (1). »

(1) M. A. Gaudin, *L'Architecture du Monde des Atomes*, Paris, Gauthier-Villars, 1873, p. 190-195.

## CHAPITRE IX

### BASES ET RÈGLES DE LA PHILOSOPHIE EXPÉRIMENTALE

---

Le Monde physique est, par excellence, le champ de notre expérience : toute la connaissance que nous en avons nous vient de nos sens et de nos moyens d'investigations divers auxquels nous avons donné le nom de *Sciences*. Chaque progrès dans l'éducation ou le perfectionnement de nos sens, chaque découverte d'un nouveau moyen ou procédé d'investigation scientifique élargit notre vue expérimentale, approfondit notre aperçu des choses, nous découvre le mécanisme des phénomènes, nous permet ou nous facilite le groupement et l'interprétation des faits : c'est ce que nous appelons le Progrès, c'est-à-dire la marche en avant de l'intelligence humaine à la recherche des lois de la Nature, à la découverte de l'Inconnu. Il n'est plus personne aujourd'hui pour prétendre que notre ancêtre, l'homme des cavernes, soit apparu tout d'un coup sur la terre, armé, de pied en cap, de toutes nos ressources intellectuelles et industrielles propres à défendre et à favoriser notre lutte pour la vie : les preuves et les documents ne permettent plus de douter qu'il ait été obligé de conquérir lentement, à travers les siècles, les faibles rudiments de sa connaissance élémentaire des choses les plus indispensables à son existence toute animale dont nous pouvons encore nous faire une idée approximative, par ce que nous voyons survivre chez quelques races inférieures comme le Tasmanien, le Fuégien et quelques races animales comme les singes, les castors, etc. Il faut maintenant de toute nécessité renoncer à la théorie de la Régression pour expliquer l'état actuel des sauvages et de toutes nos populations arriérées. On ne peut plus douter aujourd'hui que ce soient là des phénomènes d'arrêt, de retard et non de Régression.

Sans doute, l'histoire de la civilisation nous offre plus d'un exemple de véritable dégénérescence, de véritable régression ; mais ce sont là des faits de morbidité, de sénilité sociales tout à fait analogues à ce que nous voyons chez nos vieillards qui « tombent en enfance » : les organismes sociaux nous offrent la plus grande analogie avec les organismes animaux : ils naissent, croissent et meurent comme nous qui en formons les éléments; on n'y observe pas plus que chez nous l'égalité et la similitude ni dans la naissance, ni dans l'évolution : nous retrouvons dans les sociétés les mêmes différences individuelles que chez les hommes comme aptitudes héréditaires, comme facilité d'adaptation aux conditions d'existence, comme résistance aux causes de destruction ; de là l'infinie variété dans les races et les civilisations : les unes, mal douées, sont condamnées à végéter, à demeurer stationnaires ; les autres, au contraire, possèdent tous les dons propres à assurer leur amélioration, leur survivance, leur suprématie, leur marche en avant dans la voie du progrès. Les exemples de dégénérescence, de régression que nous offrent des civilisations qui avaient atteint un degré plus ou moins avancé de développement, de perfectionnement, et qui semblent retourner en arrière, ne constituent que des faits individuels qui annoncent la mort de ces civilisations : mais ces faits réels de régression n'empêchent pas plus la marche en avant des nouvelles civilisations qui naîtront de celles-ci que le ramollissement cérébral qui termine la vie d'un homme n'empêchera son fils de développer les bonnes aptitudes qu'il lui aura transmises. Quant aux races arriérées, il est aussi futile d'invoquer leur régression que de prétendre que l'idiotie de naissance doit être expliquée aussi par un phénomène de régression individuelle. Parmi les causes que nous pouvons apercevoir de la variabilité de développement des civilisations, il n'en est aucune qui tienne plus de place que les Progrès réalisés dans la connaissance expérimentale de la Nature. C'est au point que nous pouvons légitimement proclamer l'étroit parallélisme de développement entre la civilisation et la science expérimentale : nous pouvons même dire que l'histoire de la connaissance humaine se confond d'autant plus étroitement avec l'histoire de la civilisation que nous nous rapprochons davantage des débuts de l'Humanité. Or c'est encore là une preuve scientifique de l'origine exclusivement expérimentale de toute notre Connaissance.

Mais, si notre connaissance du Monde physique ne peut être que sensorielle, qu'objective, qu'expérimentale, il s'ensuit qu'elle est nécessairement limitée, conditionnée comme nos sens comme notre expérience, comme nos moyens d'investigation, et que ces limites, ces conditions de notre connaissance sont nécessairement relatives à nous et à nos moyens de perception et n'ont rien d'absolu Aussi, quand on vient nous dire que le résultat ultime où s'arrête la Science moderne est la notion de masse et d'énergie, nous ne pouvons voir là qu'une abstraction, qu'une façon de marquer la limite de notre connaissance dans l'inconnaissable, dans l'inconcevable, dans l'absolu. Autant, en effet, il est légitime et utile de parler de la masse des corps physiques, comme le font les mathématiciens, par un procédé habituel et indispensable à nos opérations intellectuelles, autant il devient illusoire de vouloir envisager la « masse » et l' « énergie » comme le dernier concept que nous puissions avoir du Monde physique.

Nous ne pouvons pas ne pas admettre d'une part, que la masse d'un corps peut toujours être supposée pouvoir se réduire ou s'accroître à l'infini et, par conséquent, se perdre dans l'inconcevabilité de l'Infini lui-même, et, d'autre part, nous ne pouvons pas concevoir la « masse » autrement que comme l'expression d'un rapport de pondérabilité, sous peine de contredire notre idée même de masse. Enfin, l'expression même de « masse absolue, unique », ne peut se concevoir, puisque, pour que cette masse unique puisse être concevable, il faut au moins un caractère qui la distingue du néant et que ce caractère différentiel indispensable à la conception de la « masse, » ne peut être autre chose que sa proportion de pondérabilité par rapport à une autre masse. Ne pouvant concevoir la « masse en soi » indépendamment de tout rapport, nous ne pouvons concevoir l'Univers entier, comme « masse absolue » puisque, de deux choses l'une : ou bien cette « masse universelle » est infinie, ce qui implique l'absence de rapport, de proportion possible, et est contradictoire avec notre idée de « masse » ; ou bien elle n'est pas infinie et ne peut pas davantage avoir une signification, puisqu'une seule masse, une seule quantité quelconque envisagée par rapport à l'infini, ne peut plus avoir aucun rapport déterminable et conséquemment aucun sens.

De même pour l'Energie, nous retrouvons toujours la même impossibilité de concevoir l' « Energie en soi », c'est-à-dire autrement que comme l'expression d'un rapport, d'une relation d'au moins deux puissances dont l'opposition, dont la lutte engendre une résultante à laquelle nous donnons le nom d'énergie. C'est ce qui a amené les Physiciens modernes à supposer leurs atomes inertes, parce qu'un élément absolument simple ne peut se concevoir doué d'énergie, à moins de supposer gratuitement l'énergie comme une propriété inhérente à l'atome, c'est-à-dire à la matière, ce qui est « absurde », au dire de Newton.

En somme, si nous laissons de côté les préoccupations doctrinales, si nous nous contentons d'envisager les choses de notre connaissance expérimentale du Monde physique, telles que l'analyse et l'observation nous les montrent, nous sommes bien obligés de reconnaître que partout et en tout nous voyons notre connaissance *conditionnée, limitée de la même façon que nos moyens de perception :* nos idées sur le Monde physique changent, se modifient, s'étendent, se perfectionnent au fur et à mesure que nos investigations expérimentales nous agrandissent, nous perfectionnent notre perception des Phénomènes, nous en font mieux pénétrer le mécanisme, nous en montrent mieux l'universelle dépendance, l'éternel devenir et par dessus tout l'insensible, l'imperceptible transition des uns aux autres, de sorte que, en fin de compte, nous arrivons ainsi à la nécessité de constater et de reconnaître que les propriétés physiques ne sont que des limitations artificielles que nous établissons nous-mêmes pour exprimer en même temps et la variété et la limite de nos sensations ou perceptions objectives.

Or, si nous essayons d'analyser une de ces propriétés physiques ou un de ces phénomènes physiques que nous considérons comme si nets, si bien déterminés dans notre connaissance, comme la solidité physique ou la sonorité, par exemple, nous arrivons bien vite à comprendre que ce qui constitue la solidité ou la dureté d'un corps, c'est notre sensation directe ou indirecte de résistance, comme ce qui fait le son, c'est notre impression auditive qui est limitée par la possibilité pour notre sens auditif de percevoir comme sonores les vibrations entre 8 et 28.000 à la seconde. Ainsi donc, un corps dont les vibrations n'atteignent pas 8 par seconde, ne nous donne pas l'impression du son, mais simplement l'impression visuelle ou tactile du mouvement vibratoire : de même, lorsque les vibrations dépassent 28.000 à la seconde, nous ne pouvons plus les percevoir comme son distinct : elles se confondent ou s'annihilent dans notre sensation. Si nous nous en tenons aux doctrines physiques actuelles, sur l'état moyen d'oscillation des molécules constituantes des corps, nous pouvons tout aussi bien en conclure que nous percevons comme solides ou durs les corps dont les vibrations moléculaires ne dépassent pas un certain chiffre à la seconde, au delà duquel notre sensation de solide se change en impression de liquide ou de gazeux. C'est encore ce que nous retrouvons à propos de la Lumière et de la Chaleur. Si maintenant nous rappelons les actions et réactions des corps physiques les uns sur les autres, par exemple, le phénomène si curieux des vibrations synchrones pour certains corps détonants ou pour les Résonnateurs en musique, si nous tenons compte de l'influence si remarquable de la lumière sur la végétation et la nutrition animale, si nous rapprochons les impressions tactiles, auditives, olfactives et visuelles qui semblent toutes résulter simplement de modes divers ou de quantités différentes de mouvements ou vibrations, ne sommes-nous pas forcément amenés à reconnaitre dans tous nos modes de perception, et conséquemment, dans tous nos modes de connaissance du Monde physique, la même condition commune d'une mesure, d'une limitation nécessaire au fait même de notre perception comme au phénomène physique ou biologique lui-même, et le même caractère commun de relativité non moins inéluctable au fait même de notre appellation, classification, différenciation ou systématisation, qu'au phénomène physique ou biologique correspondant?

D'un autre côté, de l'origine exclusivement sensorielle, objective du caractère conditionné de toute perception, comme de toute connaissance possible du Monde physique, découle nécessairement le caractère essentiellement abstrait de toutes nos sensations aussi bien que de toutes nos idées ou de toutes nos connaissances objectives, puisque, dans nos perceptions comme dans nos différenciations ou appellations des phénomènes, nous sommes toujours obligés de n'envisager qu'une partie, qu'un aspect, qu'un côté des choses. Qu'il s'agisse, en effet, d'une de nos sensations les plus élémentaire que l'on puisse imaginer, du tact, de l'ouïe, de l'odorat, de la vue, du goût, nous ne pouvons éviter la nécessité de reconnaître que notre tact ne peut nous donner que l'impression d'un ordre déterminé, conditionné de vibrations, comme l'ouïe, l'odorat, la vue et le goût. On aura beau retourner la question, il n'y a pas moyen d'en sortir autrement : jamais nous ne pourrons prétendre que percevoir les vibrations d'ordre tactile d'un corps solide, liquide ou gazeux, c'est percevoir tout ce que comporte ce corps, puisque nous savons que ce corps a nécessairement une foule d'autres propriétés que nous pouvons apprécier par d'autres moyens, et qu'il nous est impossible de concevoir un corps n'ayant qu'une seule et unique propriété, attendu que, encore une fois, cette propriété, si elle est supposée seule, ne peut plus être perçue ni connue, n'ayant rien pour la distinguer du néant ou de toute autre propriété.

Ainsi, de quelque façon que nous envisagions notre connaissance du Monde physique, nous sommes toujours obligés d'en constater le caractère sensoriel, expérimental, relatif. C'est là un point capital dans l'histoire de la connaissance humaine, c'est ce qui donne une orientation toute nouvelle à l'Esprit moderne, c'est ce qui entraîne une modification complète dans les doctrines philosophiques : c'est la fin de la Philosophie métaphysique avec ses interminables et stériles dissertations sur l'Absolu, c'est l'avènement de la Philosophie expérimentale qui empruntera aux sciences naturelles leur méthode expérimentale si féconde en résultats et couronnera enfin l'œuvre de l'esprit humain, condamné sans elle à piétiner sur place, à s'épuiser et se perdre dans la logomachie des scolastiques. C'est tout simplement revenir à la Méthode naturelle et spontanée suivant laquelle s'est formée la connaissance humaine. Nous ne pouvons plus douter, en effet, que l'humanité n'ait acquis la Connaissance de la Nature à force de tâtonnements, c'est-à-dire à force d'expériences de toutes sortes et à la condition inéluctable de se soumettre, de se plier aux faits que lui révélait l'observation. L'histoire nous montre combien furent lents et difficiles les premiers progrès, et surtout combien demeurèrent stériles les plus nobles efforts des plus belles intelligences de l'Antiquité par suite de l'abandon de cette méthode naturelle au profit de la méthode *à priori*. C'est ainsi que nous voyons, dans Platon et dans Aristote, une contradiction singulière entre la netteté, la précision remarquables de leur étude du Monde physique et l'interprétation purement spéculative qu'ils en recherchent, l'un dans l'hypothèse de l'*Idée* envisagée comme l'Essence des choses et réalisée par « Dieu » dans l'*Archétype*, l'autre dans l'intervention de l'*Être abstrait* (to on), de l'*Ontologie*. La prétention de vouloir expliquer, deviner la Nature sans la regarder a été l'aberration la plus étrange de l'humanité comme elle a été la source première, la cause principale de tous ses maux. C'est au point que nous pouvons ramener à deux principales toutes les sources d'erreur de l'humanité : la méthode *à priori* proprement dite, et la méthode *abstraite* ou la méthode de *l'absolu;* toutes deux constituent dans leur ensemble ce qu'on appelle la méthode *Métaphysique*, c'est-à-dire la connaissance et la recherche de ce qui est en dehors et au delà de la Nature, en dehors et au delà de la Réalité physique. Il ne faut pas croire, en effet, que la métaphysique n'a fait que planer innocemment dans les sphères éthérées des spéculations transcendantes: non, elle s'est emparée de l'esprit humain tout entier et l'a dévoyé jusque dans ses opérations les plus banales de la vie courante. C'est au point que nous pouvons affirmer que nous héritons de l'esprit métaphysique comme nous héritons de la couleur des cheveux de nos ascendants: nous apportons en naissant une aptitude héréditaire à voir, à penser en métaphysiciens tout comme à marcher en bipèdes. Cela peut paraître une exagération, et cependant cela est ainsi. Il suffit, pour s'en convaincre, de réfléchir un peu et de remarquer la façon dont nous vivons et passons au milieu des phénomènes les plus simples sans les voir autrement qu'avec nos idées toutes faites, sans nous laisser éclairer par les démonstrations incessantes qu'ils constitueraient pour nous si nous pouvions les voir tels qu'ils sont, au lieu de les voir tels que nous les croyons ou tels que nous les faisons dans notre esprit. Tels sont les faits que nous attribuons à la chance ou à la malechance, telles, les causes arbitraires et imaginaires que nous prêtons à nos questions de santé, les raisons puériles que nous donnons aux événements politiques. Partout nous nous surprenons en flagrant délit d'abandon de la Méthode naturelle expérimentale à laquelle nous devons la formation et l'éducation spontanée de nos sens. Tout ce que nous savons de juste, de vrai, de positif, autrement dit tout ce que nous voyons confirmé par le temps, par les faits, tout ce que nous avons conquis sur la Nature. nous le devons à cette habitude toute spontanée de nous laisser guider par les faits qui se chargent de contrôler, de vérifier nos impressions et perceptions les unes par les autres. Si notre vision ne nous trompe plus sur la rotondité apparente d'une tour carrée, si nous ne prenons plus l'ombre pour la proie, si nous ne nous laissons plus entraîner par le mirage des choses, c'est que nous avons appris à nos dépens à redresser nos sensations les unes par les autres, à ne plus accorder à nos impressions premières, uniques, abstraites, qu'un caractère relatif, particulariste, au lieu de leur attribuer un caractère absolu. Quand nous faisons un voyage dans la Lune, nous commençons à savoir que nous ne faisons que transporter dans la Lune ce que nous avons vu ou rêvé sur la Terre, et, si le voyage était possible, il n'est plus guère de voyageur assez naïf pour tenter un pareil voyage sur de pareils renseignements. C'est l'honneur, c'est le mérite incalculable de la Science ou mieux de la Méthode expérimentale d'avoir ramené l'humanité au vrai sens des choses, en nous montrant que si, d'une part, nous ne pouvons pas ne pas tenir compte de nos impressions, de nos perceptions sensorielles physiques ou objectives, nous ne devons, d'autre part, jamais oublier, jamais négliger de soumettre nos impressions, nos perceptions, et leurs résultats au contrôle incessant des faits, de façon à rectifier nos idées des choses au fur et à mesure que notre Expérience augmente ou que nos moyens d'investigation se perfectionnent. Nous pouvons et nous devons continuer à raisonner sur ce que nous savons, mais au lieu de partir de ce que nous voyons, de ce que nous savons ou de ce que nous pensons actuellement comme d'un point absolu, comme d'une vérité définitive, comme d'un axiome, nous ne devons y voir qu'un point de repère, qu'un jalon pour nous orienter dans le labyrinthe de l'Inconnu, qu'un terme de comparaison, qu'un moyen de contrôle, qu'un éclair dans la grande obscurité.

Ce n'est certainement pas forcer les termes de distinguer la Science pratique et la Science théorique ou abstraite. De tout temps, en effet, les hommes ont senti cette différence entre le caractère absolu des données scientifiques pures, théoriques, abstraites, et leur mise en application. Les uns en ont conclu que la Science pure n'est qu'illusoire, les autres n'ont vu dans la Pratique que le côté routinier, retardataire : il a fallu des siècles pour reconnaître que la Pratique ne peut pas plus progresser sans les essais, sans les tâtonnements de la théorie et de l'hypothèse qui donnent l'initiative, que la Science ne peut se constituer sans être confirmée, consacrée au moins dans ses bases par le contrôle des faits, par l'Expérience pratique. En réalité, la Science, ou, si on aime mieux, la Connaissance humaine reçoit sa consécration de deux sources différentes qui n'en font que les deux modes de la même méthode expérimentale : l'une résulte des conditions mêmes de la vie, du jeu naturel des événements ou des phénomènes, nous l'appelons plus spécialement l'Expérience ; l'autre consiste dans tous les moyens qu'emploient les savants pour vérifier, démontrer et réaliser leurs théories, leurs hypothèses, elle constitue l'expérimentation proprement dite. Ainsi comprise, la Science expérimentale embrasse toutes les branches de la Connaissance humaine vraiment dignes de ce nom, puisque tout ce qui n'a pu ou ne peut être contrôlé, vérifié, demeure nécessairement dans le domaine de l'hypothèse ou de l'abstraction pure et ne peut, par conséquent, être réellement connu. Ce qui nous permet de dire que la Philosophie, ramenée à son véritable sens, à son sens primitif de synthèse, de généralisation, de conclusion de toutes les connaissances humaines, de conception et d'explication générale des choses, n'est pas autre chose que la Science expérimentale elle-même se résumant dans la conception scientifique, c'est-à-dire dans la Loi naturelle de tout ce qui existe. Cette façon d'envisager la Philosophie répond, d'une part, à notre besoin de chercher le pourquoi et le comment des choses :

« *Felix qui potuit rerum cognoscere causas* »

et, d'autre part, ramène notre conception des hauteurs inaccessibles de l'Absolu des Métaphysiciens au rang plus modeste d'*incessante accommodation de notre mentalité au degré d'avancement des découvertes et connaissances humaines.*

Quand nous voyons partout la Réalité finir, se modifier ou s'évanouir devant notre analyse, ne serait-il pas étrange de vouloir trouver une explication adéquate des choses, de prétendre arriver à découvrir la cause absolue de ce qui ne peut exister pour nous que par le fait de la perception que nous en avons, de chercher, en un mot, en dehors de nous, la raison d'être de ce qui n'existe qu'en nous. Tout ce que nous pouvons espérer, tout ce que nous pouvons réaliser, c'est de demander à l'état de nos connaissances expérimentales l'explication la plus générale, c'est de tirer de l'étude des phénomènes la Loi la plus universelle que nous puissions concevoir. C'est ce qu'a tenté magistralement H. Spencer avec sa théorie de l'Evolution. Malheureusement, si le fait de l'Evolution universelle nous apparait comme légitimement établi, il ne constitue qu'une simple constatation et ne peut rien expliquer : il ne nous suffit pas de savoir et de dire que tout change, nous voudrions encore savoir la raison au moins apparente de ce changement. Il nous semble que le fait universel d'action et réaction, que le jeu incessant et universel de déséquilibrations et de rééquilibrations qui constituent le mouvement universel, l'éternel « Devenir », nous offrent un fait d'Expérience tout aussi général que l'Evolution. De plus, la notion d'équilibration implique une idée de cause efficiente, d'activité, bien en harmonie avec le sentiment que nous avons de la nécessité d'une force pour produire quelque chose. C'est là, du reste, une notion expérimentale par excellence. nous pourrions même dire que c'est la notion scientifique fondamentale, puisqu'il nous serait impossible de comprendre et d'admettre aucune loi, aucun ordre dans la nature, si nous ne commencions par supposer l'équilibration universelle. C'est ce que les Savants ont exprimé de façons diverses en disant que « rien ne se crée, rien ne se perd dans la nature », ou bien encore « l'action égale la réaction ». Nous n'avons pas besoin d'insister pour montrer que nous ne contredisons point ces axiomes en parlant de Création, car nous n'entendons ici par Création que la différenciation physique dans l'indifférenciable, c'est-à-dire un simple changement.

---

# CHAPITRE X

## DE LA CRÉATION NATURELLE SPONTANÉE

---

Le mot création est un de ces mots qui ont la spécialité de réveiller en nous tout un monde d'idées héréditaires, que nous continuons le plus souvent à conserver sans nous donner la peine de les soumettre à aucun contrôle sérieux. Sans revenir ici sur les divers modes de création qui ont occupé les Philosophes, nous appuyant sur le caractère essentiellement expérimental et relatif de toute Connaissance, comme de toute Conception possible, nous basant sur l'impossibilité de saisir la transition des choses les unes aux autres, autrement que par les limites arbitraires qu'établissent nos diverses appellations, nous appuyant sur tout ce que les Sciences modernes nous apprennent sur la constitution des corps, sur la différenciation des phénomènes physiques par de simples différences de mouvements, nous concluons que le Monde physique ne peut recevoir d'explication plausible dans la connaissance que nous en avons, autre que celle qui résulte du mode même de formation de notre Connaissance, et ne peut s'appuyer que sur les résultats acquis de nos Connaissances elles-mêmes. Or, s'il est un point indiscutable, c'est assurément que notre Connaissance a des limites, tandis que l'objet de notre Connaissance n'en a pas ou du moins n'en a pas d'autres que celles que nous lui prêtons dans nos perceptions. Voilà pourquoi nous ne pouvons rien connaître, rien concevoir sans que notre connaissance, sans que notre conception soit déterminée, conditionnée, limitée par un rapport ou une relation quelconques; voilà aussi pourquoi nous sentons, nous constatons à chaque instant que ces limites, ces conditions de notre perception peuvent changer, s'étendre par le perfectionnement de nos moyens d'investigation. De là, nous vient l'idée de contingence physique, de relativité de nos connaissances objectives. D'un côté, nous ne pouvons rien concevoir sans un caractère quelconque permettant de le distinguer de toute autre chose, et d'autre part nous ne pouvons pas ne pas concevoir que cette différence peut être modifiée, réduite ou augmentée à l'infini, sans que nous puissions assigner de limites à cette atténuation ou augmentation de différence autres que les limites de notre propre conceptivité. Qu'il s'agisse du Temps, de l'Espace ou de la Matière au sujet de la Création, nous comprenons parfaitement et l'impossibilité où nous sommes d'assigner un commencement à ce qui existe, et l'impossibilité de concevoir le Temps, l'Espace, la Matière, l'Univers sans attributs, sans caractères différenciables, c'est-à-dire finis. Nous ne pouvons pas concevoir le Temps autrement que comme le rapport de succession des Phénomènes, et nous ne pouvons fixer de limites à cette succession de phénomènes sans contradiction, sans détruire notre idée même de Temps. C'est que le Temps n'a pas d'existence propre, par lui-même, « en soi » : il n'est que la marque pour nous du rapport de succession de nos sensations, de nos perceptions, de nos conceptions. Le temps est simplement l'expression de la sensation et de la conception que nous avons de la différence des Phénomènes au point de vue de leur succession, comme l'Espace exprime la notion de différence de situation des choses, comme la Matière marque l'ensemble des sensations différentielles que nous donnent les corps physiques.

Par conséquent, les seules limites que nous puissions assigner au Temps, à l'Espace, à la Matière sont les limites de notre sensibilité et de notre conception. Pour les premiers hommes, ces limites étaient les limites de leurs sens physiques. Pour nous qui avons agrandi notre champ de perception avec l'immense développement de nos connaissances et moyens d'investigation, nous remontons dans la nuit des temps avec l'histoire et la paléontologie, nous plongeons dans les ténèbres de l'immensité avec nos télescopes, nous pénétrons les arcanes de la Nature avec l'analyse chimique et spectrale, avec le microscope ; nous prenons le vertige de l'Infini avec nos abstractions transcendantes ; mais partout et toujours nous trouvons nos moyens de percevoir plus limités que les choses à percevoir, toujours la même impossibilité de concevoir la limite dernière des choses nous amène à conclure à l'absence de limites : de là nous est venue l'idée de l'Infini. C'est une opinion très accréditée que nous avons l'idée de l'Infini. En réalité, l'Infini n'est qu'une expression que nous employons pour marquer le point où cesse notre perception, notre conception : l'Infini est l'indifférenciable, l'inconditionné, le non-fini, par conséquent, le non-perceptible, le non-connaissable, le non-concevable. Ainsi envisagé, l'Infini, au lieu d'être une entité, inconcevable, contradictoire, nous apparait, simplement comme l'Au-delà de toute Expérience, puisque Tout (sensation, connaissance, conception) se perd, s'évanouit, s'efface dans la transition insensible d'une chose à l'autre, dans l'analyse comme dans la genèse des phénomènes ; qu'il s'agisse de l'Univers entier ou de l'Atome, nous sommes toujours obligés de reconnaître que notre conception se perd dans l'Au-delà aussi bien dans le sens de l'infiniment grand que de l'infiniment petit, et que la seule limite que nous puissions assigner à notre conception, c'est l'Inconcevable, l'Infini. S'il s'agit du Temps, nous ne pouvons lui fixer de limites ni dans le passé, ni dans l'avenir ; cependant, si nous voulons essayer de le comprendre, nous sommes obligés de reconnaître que nous ne pouvons le concevoir absolument sans limites, puisque nous savons que nous ne pouvons percevoir de différence entre la succession de deux phénomènes au dessous d'une durée variable pour chacun de nos sens, variable aussi suivant les instruments dont nous pouvons aider nos sens ; nous pouvons supposer la possibilité de perfectionner indéfiniment nos moyens de perception, nous ne pouvons pas éviter l'impossibilité de concevoir la diminution du temps à l'Infini, puisque, pour qu'il y ait succession, il faut au moins un intervalle quelconque, une quantité infinitésimale de Temps. De même pour l'Espace, puisque, si nous le supposons infini dans le sens absolu, nous ne pouvons plus le concevoir, et que si nous l'envisageons dans le sens de l'infiniment petit, nous ne pouvons pas davantage le prendre dans le sens absolu, car nous ne pouvons concevoir deux points, s'ils ne sont supposés distincts, c'est-à-dire séparés par un espace au moins infinitésimal. Il suffit, pour s'en convaincre, de rappeler que les mathématiciens définissent le point par l'intersection de deux lignes, la Ligne par une succession de points ou par l'intersection de deux surfaces. L'impossibilité où nous sommes de concevoir une limite physique a été très bien rendue par ces définitions. Or, ce point géométrique est supposé sans Etendue, c'est-à-dire que son étendue est infinitésimale, car elle ne peut être nulle d'une façon absolue ; il en est de même pour le point mécanique qui est supposé impondérable, non d'une façon absolue, mais infinitésimale.

Il est donc illogique, antiscientifique de prétendre assigner des limites fixes à notre Connaissance aussi bien qu'à notre conception du Monde physique, soit dans le Temps, soit dans l'Espace, soit dans la Matière : toujours notre conception se perd dans l'inconcevable, le physique dans le non-physique, le limité dans l'illimitable, le déterminé dans l'indéterminable, le fini dans l'Infini. En un mot, nous ne pouvons ni fixer des limites à la conceptibilité, puisque nous ne pouvons rien concevoir au delà duquel il n'y ait plus rien, ni supposer notre conceptivité sans limites, d'une façon absolue, puisqu'elle serait alors infinie, ce qui est contradictoire. Nous sommes obligés de nous contenter de dire qu'il arrive un point où notre conception se perd dans l'infinitésimal : c'est ce que nous pouvons appeler le point conceptuel ou psychologique ; c'est ce que traduit fort bien notre expression d'infinitésime pour désigner le dernier degré de réductibilité auquel nous puissions concevoir le Monde physique, la Matière.

Il nous est maintenant facile de comprendre ce qu'a pu être l'idée de la création à travers les âges. D'abord grossièrement anthropomorphe pour les premiers hommes, elle consistait modestement en la croyance que le monde avait été fait à la main à la façon d'une simple poterie (*Matière*, vient du radical sanscrit *ma*, faire avec la main). L'idée du Potier, fabricant de l'Univers s'agrandit avec l'idée elle-même de l'Univers : peu importe le nom, l'origine et les qualités attribuées à ce premier Artisan, le point caractéristique c'est le côté anthropomorphe de la conception, que l'on retrouve partout dans tous les premiers livres religieux comme dans toutes les traditions populaires. Du reste, nous n'avons qu'à nous interroger nous-mêmes pour retrouver cette même naïveté de conception dans notre enfance ; bien plus, ce même anthropomorphisme se reconnait facilement chez tous ceux qui ne sont point imprégnés profondément de l'Esprit scientifique. Les Métaphysiciens ont pu créer toutes sortes d'entités, entasser subtilités sur arguties, rien n'y a fait ; les systèmes philosophiques se sont contredits, succédé, comme autant de « coups d'épée dans l'eau » sans pouvoir aboutir autrement qu'à l'inconcevable ou à l'absurde, et surtout sans pouvoir déraciner cet anthropomorphisme primitif : la Science seule. avec la conception de la Loi physique, a pu nous en montrer l'inanité et la puérilité.

En réalité, l'idée de la création est toujours venue de la notion toute expérimentale acquise par les hommes sur la formation, sur la constitution de tout ce qu'ils voyaient et constataient dans la Nature ; seulement, au lieu de se contenter de se laisser éclairer par la simple observation des faits, ils ont cherché à s'expliquer la Nature avec leurs propres idées. essayant de deviner ce qu'elle doit être, s'imaginant au besoin pouvoir lui dire ce qu'elle doit être plutôt que de lui demander simplement ce qu'elle est. De cet écart fondamental de la méthode expérimentale ont découlé tous les systèmes, toutes les théories, toutes les erreurs, toutes les lenteurs de l'humanité. Aujourd'hui encore nous sommes tellement imprégnés de l'habitude de la méthode à prioriste que nous rencontrons les plus grandes difficultés à saisir les données les plus simples, les plus claires, les plus banales de l'observation du Cours naturel des choses, aussi bien dans notre connaissance que dans le Monde physique. Que de savants, même des plus glorieux, sont encore incapables aujourd'hui de se laisser pénétrer par l'idée que notre Monde physique, en tant qu'il nous est connu et connaissable, ne peut échapper à la loi commune de tout ce que nous connaissons, concevons, pouvons connaître et concevoir, c'est-à-dire qu'il est nécessairement limité, conditionné comme notre connaissance elle-même, puisque sans cela, nous ne pouvons ni le connaître, ni le concevoir. Il ne s'agit pas, en effet, de savoir ce qu'il est « en lui-même », question oiseuse autant que contradictoire à renvoyer aux scolastiques, mais uniquement de savoir ce qu'il est pour nous, ce qu'il est dans notre connaissance et comment nous pouvons le comprendre et le comprenons en réalité. Au lieu de nous dire à nous-mêmes ce qu'il doit être, demandons-lui ce qu'il *est*. C'est ce que nous avons fait en nous adressant aux sciences physiques, aux sciences expérimentales, et nous avons vu que Tout, dans le Monde physique, comme dans notre Connaissance, se réduit, en dernière analyse, à de simples transformations des choses les unes dans les autres, à de simples questions de proportions, à des relations, à des dépendances mutuelles, le Tout représenté, qualifié, désigné dans notre esprit tantôt par la Force (Dynamisme), tantôt par le mouvement (Mécanisme, Atomo-mécanisme, Cinécisme) dont le jeu, dont les actions et réactions, les transformations, les corrélations, constituent les Phénomènes, les Corps physiques, l'Univers. Nous avons vu que le dernier mot de la Science est Matière et Mouvement ou mieux Masse et Energie ; nous avons montré que ce sont là de pures abstractions qui ne peuvent se concevoir en dehors du fait de relation d'au moins deux termes, et que cette relation élémentaire ne peut se concevoir autrement que par l'équilibration. Nous avons vu que l'Equilibration est une notion, est un fait de connaissance expérimentale par excellence, et, nous appuyant sur ces résultats de l'Expérience, nous avons conclu, non seulement la possibilité, mais même la nécessité de comprendre, d'admettre la Genèse Physique ou Cosmique par le fait seul de la Loi d'équilibration. C'est là, sans doute, une abstraction, une hypothèse, mais c'est une abstraction, une hypothèse scientifique, expérimentale qui découle de l'Expérience même et nous est imposée par l'analyse scientifique la plus rigoureuse. Ainsi envisagée, la genèse des choses perd le caractère anthropomorphe et mystérieux qu'implique l'idée de création, satisfait la Raison et rentre dans les conditions communes, dans la loi générale de tout ce que nous connaissons et percevons, pouvons connaître et percevoir, en nous montrant l'origine des choses dans une simple différenciation de l'Indifférenciable, une simple limitation de l'Illimité, une simple détermination de l'Indéterminé, ainsi que la disparition, la cessation de notre connaissance et de son objet avec la cessation, avec l'effacement des conditions qui les rendent possibles.

Ainsi envisagée, l'idée de la Création ou mieux de la Genèse cosmique, nous apparait avec tous les caractères de relatif, de conditionné que nous retrouvons dans toutes nos idées physiques de matérialité ; ce que nous pouvons exprimer en disant que la Création commence là où commence la différenciation physique, finie, dans l'Indifférenciable, dans l'Infini. Par conséquent, si nous sommes obligés de supposer un commencement à ce qui existe, nous ne pouvons le supposer autrement que caractérisé par l'apparition du Fini dans l'Infini, et si nous supposons cette création possible au commencement de notre Univers, nous sommes obligés de la supposer éternellement possible, puisque nous ne pouvons, sans contradiction, assigner de limites à l'Infini d'où sort notre Monde physique, ni dans le Temps, ni dans l'Espace, ni dans la Matière, et que nous ne pouvons pas non plus supposer que les conditions de Genèse physique, qui ont donné naissance à notre monde, puissent avoir existé un moment et ne plus exister dans l'Avenir. Voilà pourquoi nous accouplons les mots de Création naturelle spontanée, pour bien indiquer le sens de Genèse spontanée dans lequel nous l'entendons, et pourquoi nous ajoutons éternelle pour marquer l'impossibilité où nous sommes d'assigner aucune limite à ce travail d'enfantement du grand Tout. Mais nous ne devons pas nous contenter de demander à la science l'explication de l'origine de ce qui est, nous devons surtout lui demander le Pourquoi et le Comment de ce qui est, car, si nous pouvons à la rigueur réléguer dans le domaine de la pure curiosité intellectuelle la théorie de l'origine des choses, nous avons le plus grand intérêt à connaître la loi qui régit et gouverne Tout. C'est là le problème par excellence, c'est la solution qu'ont cherchée les Philosophes de tous les temps : c'est la raison d'être, c'est la cause du succès des doctrines religieuses, dominant l'ignorance des premiers hommes par leurs explications simplistes et anthropomorphes en prêtant à l'Univers une volonté directrice flatteusement supposée analogue à la volonté humaine, triomphant de l'impuissance du Philosophisme métaphysique à trouver l'explication adéquate des choses. Aujourd'hui la Science a au moins nettement posé la question si elle ne l'a pas encore complètement résolue, en établissant solidement la doctrine du Déterminisme universel, en introduisant la notion de la Loi physique ou naturelle, en montrant partout et en tout l'enchainement et la dépendance des phénomènes, en nous habituant peu à peu à comprendre l'impossibilité d'admettre un seul fait dans l'Univers se produisant en dehors des Lois naturelles ou plutôt en dehors de l'universelle dépendance. en un mot en nous prouvant l'impossibilité de concevoir ce qui existe autrement que par l'enchainement universel des actions et réactions de tous les phénomènes, c'est-à-dire par l'Equilibration et la Solidarisation universelles.

---

# CHAPITRE XI

## CONCLUSION

## LA SOLIDARISATION EST LA CONDITION D'EXISTENCE DE TOUT CE QUI EST

## SOLIDARISME UNIVERSEL

---

Ce court aperçu de la Connaissance du Monde physique nous semble imposer les conclusions suivantes :

1°. Aucune chose ne peut être ni connue, ni concevable, sans une différence pour permettre de la distinguer de toute autre chose ;

2° Une chose absolument simple, unique, une chose « en soi » est inconcevable ;

3° La différence la plus simple qui puisse être conçue est celle d'existence de deux choses semblables, élémentaires, qui seraient inconcevables isolément, en elles-mêmes ;

4° Cette différence d'existence ne peut se concevoir sans une relation, soit dans le temps (différence de succession), soit dans l'espace (différence de situation), qui unifie ces deux choses en un Tout, et en fait la chose la plus réduite qui puisse être conçue ;

5° La chose la plus simple qui puisse être conçue dans le Monde physique est le couple formé par l'équilibration nécessaire de deux infinitésimes ;

6° D'autre part, il est impossible de méconnaitre l'universelle dépendance des phénomènes dans les actions et réactions réciproques qui s'équilibrent nécessairement puisque, sans cela, tout ne serait que contradiction, impossibilité, attendu qu'il faudrait admettre des effets sans cause, des causes sans effets, des mouvements sans des changements de rapports qui les constituent : .

7° Par conséquent l'équilibration nous apparait comme l'expression du rapport le plus simple, le plus réduit, le plus général, le plus extensif que nous retrouvons nécessairement à l'origine comme à la fin des choses, puisque nous ne pouvons rien concevoir ni percevoir que les rapports des choses et que ces rapports ne peuvent se comprendre que comme les résultantes de leurs composantes. Nous ne pouvons, en effet, concevoir une influence sans supposer une influence contraire, puisque ce serait aboutir à l'influence « en soi » qui est contradictoire et inconcevable. Par conséquent, toute équilibration suppose nécessairement une double influence, l'une équilibrante ou centripète, l'autre déséquilibrante ou centrifuge. C'est le moment de l'équilibration entre ces deux influences qui constitue leur résultante en créant une individualisation que nous appelons : phénomène, propriété, corps, etc. :

8° L'individualisation n'est donc que l'expression, que la résultante d'une équilibration réciproque de ses composantes.

De sorte que, en dernière analyse, nous retrouvons toujours la même explication satisfaisante pour notre raison, conforme à notre expérience, dans cette notion de l'Equilibration.

En effet, rien ne peut exister physiquement, perceptible et différenciable pour nous, sans cette mutuelle dépendance des corps qui les maintient par la continuité de leurs actions et réactions réciproques qui constitue leur statique, tandis que ces corps eux-mêmes sont formés par les actions et réactions réciproques de leurs molécules qui constituent leur dynamique. De sorte que, comme nous le montre la science moderne, l'Univers entier, comme le corps le plus élémentaire que nous puissions connaitre, est la résultante de l'équilibration réciproque de ses parties composantes; c'est l'Unité dans la Pluralité, c'est l'Uniformité dans la Diversité. Si nous remarquons que la physique moderne nous montre que les corps dits Solides, dont nous faisons volontiers le type des corps physiques, sont composés de molécules animées de mouvements propres excessivement rapides de rotation ou giration, équilibrées les unes avec les autres, de façon que leur état d'oscillation moyenne constitue ce corps; si nous remarquons d'autre part que, d'après l'étymologie elle-même, nous employons la dénomination de Solide (*solidus*, entier) pour désigner l'union des parties dans un Tout, ou mieux la mutuelle dépendance d'un Tout et de ses parties, nous sommes ainsi amenés à retrouver dans notre notion vulgaire du solide la véritable notion de tout ce qui existe. Mais d'autre part, si nous réfléchissons que cette union des parties dans un Tout pour constituer un entier que nous nommons solide, exprime précisément une dépendance mutuelle, nécessaire, de ses parties entre elles pour constituer ce solide, puisque nous ne pouvons pas concevoir la cessation de cette dépendance, sans que ce solide cesse d'exister, nous trouvons que l'expression de solidarité trouve ici sa véritable étymologie, et nous pouvons dès lors appliquer au Monde physique cette notion qui n'a encore été employée qu'au sens moral et juridique. La solidarité des parties dans le Tout devient ainsi la condition d'existence de tout ce qui Est, car elle est la mesure, la condition nécessaire de l'Equilibration des parties dans le Tout. Elle nous sert à marquer les zones dans lesquelles s'individualisent les phénomènes en particulier : l'analyse scientifique, aboutit, en effet, à trouver que les corps les plus nettement individualisés, comme les corps solides ou les organismes animaux, ne sont, en réalité, que des assemblages, des résultantes de composantes ou molécules dans un état moyen d'oscillations ou de gravitations réciproques ayant chacune leur orbite de rotation ou de gravitation et que c'est simplement l'orbite de gravitation de l'ensemble qui constitue la limite *idéale* du corps, du système; nous savons, en effet, qu'un corps solide n'a pas plus de limite linéaire, continue. que notre système solaire évoluant dans l'Immensité avec ses planètes. De même que dans le couple mécanique composé de deux points équilibrés en rotation l'un autour de l'autre. ou, plus exactement, gravitant l'un et l'autre autour de leur centre commun de gravité, nous comprenons parfaitement que la limite idéale de ce couple est précisément représentée par leur orbite commun de gravitation, de même nous voyons la limite du couple Terre et Lune représentée dans l'espace par la ligne idéale que décrit la Lune dans sa rotation autour de la Terre; de même aussi la limite de notre système solaire est tracée dans l'espace par l'orbite de gravitation de sa planète la plus éloignée, puisque celle-ci marque en même temps la zone au delà de laquelle le soleil ne fait plus sentir son influence individuelle et à laquelle commence l'influence de la totalité de notre système solaire. Si nous analysons ici le fait de l'Equilibration. nous comprenons que la limite idéale entre les deux influences, l'une centripète, l'autre centrifuge, est simplement le moment de l'Equilibration de ces deux forces. C'est ce moment d'équilibration que représente l'orbite de gravitation en astronomie, la forme des corps en Physique, le Rythme en mouvement.

Or, nous ne voyons pas de mot exprimant et impliquant mieux la dépendance des Parties différentes dans un Tout et la formation d'un Tout par cette réciproque dépendance des Parties composantes que le mot Solidarité. De sorte que la Solidarité est la *condition nécessaire de toute individualisation*, de *Tout ce qui existe*, puisque nous ne pouvons concevoir la possibilité d'aucune Chose absolument simple « en soi », et que la solidarisation des Composantes est la condition nécessaire de la formation comme de l'existence de tout composé, non seulement dans le monde physique, mais encore dans le règne organique de la Vie et de la Pensée, aussi bien que dans l'organisme social et le monde moral.



FIN

# TABLE DES MATIÈRES

Définition de la Matière : L'idée de Matière comprend deux choses distinctes, la Matérialité, la Substantialité. Distinction entre la Substantialité, qui est inconcevable, et l'Objectivité, qui est expérimentale et nécessaire. Les Propriétés matérielles, les caractères de matérialité s'évanouissent devant l'analyse scientifique. La solidité se réduit à une simple différence du mouvement des molécules. Impossibilité de concevoir la chose « en soi ». C'est une illusion de croire que la Science peut nous découvrir la Raison et la Nature des choses « en elles-mêmes ». Danger et illusion de la croyance à l'absolu de la Science. Notre idée du Monde physique est en général grossièrement incomplète. Les Sciences s'éclairent les unes par les autres. En réalité, nous attribuons à la Matière autant de propriétés différentes que nous avons de moyens de les percevoir. Erreur du Nominalisme et du Réalisme. L'idée de Matière n'est que la perception abstraite, générale, commune à tout ce qui nous est connaissable objectivement, d'où la tendance à attribuer la Matérialité à Tout ce qui existe, ce qui est du Matérialisme métaphysique. Exemples de quelques résultats de l'analyse physico-chimique. Divers états des corps physiques.



Définition de Wurtz. Exposé de la Théorie. Désaccord des Savants sur les Caractères des Atomes. Opinions de Graham, de Wright. La Théorie atomique est empreinte de Matérialisme métaphysique en ce qu'elle fait de la Matière la Substance réelle, nécessaire, des Phénomènes physiques. Inconcevabilité de la Masse absolue

Le Mans. — Ass. ouv. de l'imp. Drouin, 5, rue du Porc-Epic.

# BIBLIOTHÈQUE DE PHILOSOPHIE CONTEMPORAINE

## 93 volumes in-18, brochés : 2 fr. 50 c.

**H. Taine.**
Idéalisme anglais.
ilos. de l'art dans les Pays-Bas. 2e éd.
ilos. de l'art en Grèce. 2e éd.

**Paul Janet.**
Matérialisme cont., 5e éd
ilos. de la Rév. franç., 4e éd
-Simon et le St Simonisme.
s origines du socialisme contemporain. 4e éd.
philosophie de Lamennais

**Alaux.**
ilosophie de M. Cousin.

**Ad. Franck.**
ilos. du droit pénal. 3e éd.
pports de la religion et de l'Etat. 2e éd.
ilosophie mystique au XVIIIe siècle

**E. Saisset.**
me et la vie.
itique et histoire de la philosophie.

**Charles Lévêque.**
Spiritualisme dans l'art.
Science de l'invisible.

**Auguste Laugel.**
s problèmes de la nature.
s problèmes de la vie.
s problèmes de l'âme.
optique et les arts.

**Challemel-Lacour.**
philos. individualiste.

**Charles de Rémusat.**
ilosophie religieuse.

**Albert Lemoine.**
vital. et l'anim. de Stahl.

**Milsand.**
esthétique anglaise.

**Beaussire.**
técéd. de l'hégélianisme.

**Bost.**
protestantisme libéral.

**Ed. Auber.**
ilosophie de la médecine.

**Schœbel.**
ilos. de la raison pure.

**At. Coquerel fils.**
conscience et la foi.

**Jules Levallois.**
isme et christianisme.

**Camille Selden.**
musique en Allemagne.

**Fontanès.**
Christianisme moderne

**Saigey.**
physique moderne, 2e tir.

**Mariano.**
La philos. contemp. en Italie.

**E. Faivre.**
De la variabilité des espèces

**J. Stuart Mill.**
Auguste Comte, 4e éd.
L'utilitarisme. 2e éd.

**Ernest Bersot.**
Libre philosophie.

**W. de Fonvielle.**
L'astronomie moderne.

**E. Boutmy.**
Philos. de l'architect. en Grèce.

**Herbert Spencer.**
Classification des scienc., 4e éd.
L'individu contre l'Etat. 2e éd.

**Ph. Gauckler.**
Le beau et son histoire

**Bertaud.**
L'ordre social et l'ordre moral.
Philosophie sociale.

**Th. Ribot.**
La psychol. de l'attention.
La philos. de Schopen. 4e éd.
Les mal. de la mémoire. 7e éd.
Les mal. de la volonté. 7e éd.
Les mal. de la personnalité. 4e éd.

**Hartmann (E. de).**
La religion de l'avenir. 2e éd.
Le Darwinisme. 3e éd.

**Schopenhauer.**
Essai sur le libre arbitre. 5e éd.
Fond. de la morale. 4e éd
Pensées et fragments. 10e éd.

**L. Liard.**
Logiciens angl. contem., 2e éd.
Définitions géométriques. 3e éd.

**H. Marion.**
Locke, sa vie et ses œuvres.

**O. Schmidt.**
Les sciences naturelles et l'inconscient.

**Barthélemy-S-Hilaire**
De la métaphysique.

**Espinas.**
Philos. expérim. en Italie.

**Siciliani.**
Psychogénie moderne.

**Leopardi.**
Opuscules et Pensées.

**A. Lévy.**
Morceaux choisis des philosophes allemands.

**Roisel.**
De la substance

**Zeller.**
Christian Baur et l'Ecole de Tubingue.

**Stricker.**
Le langage et la musique.

**Ad. Coste.**
Conditions sociales du bonheur et de la force. 3e édit.

**A. Binet.**
La psychol. du raisonnement.

**Gilbert Ballet.**
Le langage intérieur, 3e édit.

**Mosso.**
La peur

**G. Tarde.**
La criminalité comparée, 2e éd.

**Paulhan.**
Les phénomènes affectifs.

**Ch. Féré.**
Dégénérescence et criminal.
Sensation et mouvement.

**Ch. Richet.**
Psychologie générale. 2e édit

**J. Delbeuf.**
La matière brute et la matière vivante.

**Vianna de Lima.**
L'homme selon le transformisme.

**L. Arréat.**
La morale dans le drame. 2e éd.

**A. Bertrand.**
La psychologie de l'effort.

**Guyau.**
La genèse de l'idée de temps.

**Lombroso.**
L'anthropologie criminelle, 2e éd
Nouvelles recherches de psychiatrie et d'anthropologie criminelles.
Les applications de l'anthropologie criminelle.

**Tissié.**
Les rêves (physiol. et path.).

**B. Conta.**
Fondements de la métaphys.

**J. Lubbock.**
Le bonheur de vivre (2 vol.)

**I. Maus.**
La justice pénale.

**E. de Roberty.**
L'inconnaissable
Agnosticisme

**R. Thamin.**
Education et positivisme

**Sighele**
La foule criminelle.

**J. Pioger**
Le monde physique.

Le Mans. — Association ouvrière de l'imp. Drouin, 5, rue du Porc-Epic.

www.ingramcontent.com/pod-product-compliance
Ingram Content Group UK Ltd.
Pitfield, Milton Keynes, MK11 3LW, UK
UKHW020250250726
13967UKWH00004B/1594